PROBLÈMES

D'ARITHMÉTIQUE

ET

DE SYSTÈME MÉTRIQUE

RÉSOLUS PAR LE RAISONNEMENT,

ET ACCOMPAGNÉS

DE PROBLÈMES A RÉSOUDRE

SERVANT D'EXERCICES.

OUVRAGE DESTINÉ

AUX ASPIRANTS ET AUX ASPIRANTES AUX BREVETS DE CAPACITÉ,

AUX ASPIRANTES AU DIPLÔME DE MAITRESSE D'ÉTUDE,

AUX PENSIONS ET AUX ÉCOLES PRIMAIRES;

Par M. **F. DELILLE**, PROFESSEUR,

Breveté du degré supérieur par l'Académie de Paris, autorisé par M. le ministre de
l'Instruction publique à la préparation des Candidats aux brevets de capacité.

PARIS,

LIBRAIRIE CLASSIQUE DE JULES DELALAIN,

RUE DES MATHURINS-SAINT-JACQUES, Nº 5,

Près la Sorbonne.

1843

PROBLÈMES

D'ARITHMÉTIQUE

ET

DE SYSTÈME MÉTRIQUE.

Cet ouvrage se troupe aussi chez l'Auteur,
rue Tiquetonne, n. 10.

INPRIMERIE DE MOQUET ET HAUQUELIN, RUE DE LA HARPE, 90.

PROBLÈMES
D'ARITHMÉTIQUE

ET

DE SYSTÈME MÉTRIQUE

RÉSOLUS PAR LE RAISONNEMENT,

ET ACCOMPAGNÉS

DE PROBLÈMES A RÉSOUDRE

SERVANT D'EXERCICES.

OUVRAGE DESTINÉ

AUX ASPIRANTS ET AUX ASPIRANTES AUX BREVETS DE CAPACITÉ,

AUX ASPIRANTES AU DIPLÔME DE MAITRESSE D'ÉTUDE,

AUX PENSIONS ET AUX ÉCOLES PRIMAIRES;

Par M. F. DELILLE, PROFESSEUR,

Breveté du degré supérieur par l'Académie de Paris, autorisé par M. le ministre de l'Instruction publique à la préparation des Candidats aux brevets de capacité.

PARIS.
LIBRAIRIE CLASSIQUE DE JULES DELALAIN,

RUE DÉS MATHURINS-SAINT-JACQUES, N. 5,

Près la Sorbonne.

1843

PREFACE.

Les personnes qui aspirent aux brevets de capacité, et celles qui veulent obtenir le diplôme de maîtresse d'étude, recherchent avec empressement des énoncés de problèmes convenablement adaptés aux programmes de leurs examens.

Le livre que nous publions a pour objet de répondre à ce besoin, et nous osons espérer qu'il contribuera à faciliter aux candidats l'épreuve si importante de l'Arithmétique. On y trouvera plus de quatre cents problèmes, recueillis en grande partie dans les examens, et disposés dans l'ordre de leurs chapitres respectifs.

Afin que la personne qui étudie ne perde pas un temps précieux à chercher elle-même les démonstrations, nous avons donné les solutions raisonnées de tous les problèmes qui composent le corps de l'ouvrage. Rien n'a été négligé pour rendre ces solutions aussi claires et aussi rigoureuses que possible ; nous avons préféré être un peu moins concis, mais né rien omettre, dans des explications que les candidats seront obligés de reproduire en public.

A ces problèmes résolus, nous en avons ajouté d'autres dont les résultats seulement sont indiqués, et sur lesquels on pourra s'exercer à faire l'application des raisonnements que l'on aura étudiés. Nous engageons nos lecteurs à raisonner ces derniers problèmes par écrit ; de cette manière, ils se ij

graveront bien plus aisément les démonstrations dans la
mémoire, et acquerront une grande facilité pour les dévelop-
per oralement. Ce moyen si simple, nous a parfaitement
réussi avec un grand nombre de personnes que nous avons
préparées aux examens d'instituteurs ou d'institutrices.

Quoique ce recueil ait une destination spéciale, nous
pensons qu'il pourra encore être utile dans les institutions,
en offrant aux élèves l'occasion d'appliquer les théories qu'on
leur aura démontrées. Depuis plusieurs années, nous nous
en servons sous la forme de manuscrit, dans les établisse-
ments où nous avons l'honneur de professer, et nous nous
sommes convaincus que les raisonnements rigoureux de
l'Arithmétique, loin d'inspirer aux enfants du dégoût pour
cette étude, la leur rendent, au contraire, plus agréable et
plus intéressante.

Puisse ce petit ouvrage être de quelque utilité dans l'instruction, et tout notre désir sera rempli. Mais, si nous avons
atteint à ce but, nous le devrons surtout à la direction éclai-
rée que sut imprimer à nos études M. Lamotte, ancien
maître de pension, et maintenant inspecteur spécial de l'instruction primaire dans le département de la Seine. Nous
sommes heureux de pouvoir aujourd'hui lui exprimer pu-
bliquement notre vive reconnaissance et notre sincère amitié.

Paris, juin 1843.

AVIS.

Les problèmes relatifs aux nombres entiers, aux nombres décimaux, aux fractions ordinaires et au système métrique, suffisent
aux personnes qui aspirent au brevet élémentaire. Mais tous les
problèmes contenus dans ce livre sont utiles aux personnes qui
veulent obtenir le brevet supérieur ou le diplôme de maîtresse
d'étude. Il faut en excepter les problèmes sur les puissances et
les racines, théories qui n'ont été jusqu'à présent demandées
qu'aux aspirants au brevet supérieur.

TABLE DES MATIÈRES.

FIN DE LA TABLE DES MATIÈRES.

PROBLÈMES
D'ARITHMÉTIQUE
ET DE
SYSTÈME MÉTRIQUE.

NOMBRES ENTIERS.

1. Lire le nombre 25085007 ?

Partageant ce nombre en tranches de trois chiffres, à partir de la droite, on a 25,085,007 que l'on
lit : Vingt-cinq millions, quatre-vingt-cinq mille,
sept unités.

2. Lire le nombre 39804400025 ?

Partageant en tranches de trois chiffres, on a
39,804,400,025 que l'on lit : trente neuf milliards
ou billions, huit cent-quatre millions, quatre cent
mille, vingt-cinq unités.

3. Lire le nombre 6080000054 ?

Partageant en tranches de trois chiffres, on a
6,080,000,054 que l'on lit : six billions, quatre-
vingt millions, cinquante-quatre unités.

4. Lire le nombre 9007060000 ?

Partageant en tranches de trois chiffres, on a
9,007,060,000 que l'on lit : neuf billions, sept millions, soixante mille.

5. Écrire le nombre : sept billions, deux centsept millions, trois cent-quatre-vingt-dix mille, sept unités ?

On écrira 7,207,390,007.

6. Écrire le nombre : quarante-huit millions, soixante-cinq mille, trente unités ?

On écrira : 48,065,030.

7. Écrire le nombre : sept billions, cinquante mille, quatre cents unités ?

On écrira 7,000,050,400.

8. Écrire le nombre : quatre-vingt millions, deux cent-soixante-dix mille ?

On écrira : 80,270,000.

9. On a retranché 75 d'un certain nombre, et l'on a eu 23 pour reste : quel est ce nombre ?

Il faut ajouter 75 et 23, et l'on trouvera que le nombre cherché est 98. En effet, 75 retranché de 98, donne 23 pour reste.

10. Quel est le nombre qui, ayant été retranché de 89, a donné 48 pour reste ?

Il faut retrancher 48 de 89, et l'on trouvera que le nombre cherché est 41. En effet, 41 retranché de 89, donne 48 pour reste.

11. Quel nombre faudrait-il ajouter à 35 pour trouver 78 ?

Il faut retrancher 35 de 78, et l'on trouvera que le nombre cherché est 43. En effet, 35 et 43, ajoutés ensemble, donnent 78 pour total.

12. Multiplier 729 par 1000.

Pour multiplier un nombre entier par un autre
nombre entier formé de l'unité suivie d'un ou de plusieurs zéros, il faut ajouter à la droite du multipli-
cande autant de zéros qu'il y en a dans le multiplicateur. Ajoutant ici trois zéros à la droite de 729, nous
aurons 729000, nombre 1000 fois plus grand que
729, car le 9, qui représentait des unités simples,
représente des unités de mille, le 2, qui représentait des dizaines d'unités, représente des dizaines de
mille, etc. Chaque chiffre ayant acquis une valeur
1000 fois plus grande, le nombre tout entier est devenu 1000 fois plus grand.

13. Multiplier 6284 par 1,000,000.

Ajoutant six zéros à la droite de 6284, nous aurons 6,284,000,000; et, par un raisonnement analogue au précédent, nous démontrerions que le second
nombre est un million de fois plus grand que le
premier.

14. Un kilogramme de café coûte 4 fr., combien
coûteront 6425 kilog. ?

Le kilogr. coûtant 4 fr., 6425 kilogr. coûteront
6425 fois 4 fr.; il faudrait donc multiplier 4 fr.
par 6425. Mais on pourra renverser les facteurs et
multiplier 6425 par 4 fr., en se rappelant que le
produit doit exprimer des francs, parce que le mul-
tiplicande véritable est 4 fr. On trouvera 25700 fr.

15. On a partagé 6 fr. entre 15 pauvres : quelle
aumône chaque pauvre a-t-il reçue ?

Chaque pauvre a reçu la quinzième partie de 6 fr.,

il faut donc diviser 6 fr. par 15 , et l'on trouvera
0 fr. 40 cent., pour la part de chaque pauvre.

16. Un kilogr. de thé coûtant 6 fr., on en a acheté
pour 1770 fr : combien a-t-on acheté de kilog. ?

Autant de fois 6 fr. sont contenus dans 1770 fr.,
autant de kilog. on a achetés. Divisant 1770 fr. par
6 fr., on trouvera qu'on a acheté 295 kilogr.

17. Diviser 49763 par 100.

Pour diviser un nombre entier par un autre
nombre entier formé de l'unité suivie d'un ou de
plusieurs zéros, il faut séparer sur la droite du dividende autant de chiffres qu'il y a de zéros dans le
diviseur : la partie à gauche de la séparation exprime
le quotient, et la partie à droite indique le reste. Séparant deux chiffres sur la droite de 49763, nous aurons pour quotient 497, et pour reste 63. Ou mieux,
le quotient sera 497. 63, nombre 100 fois plus faible
que 49763, car le 3 qui exprimait des unités exprime des centièmes, le 6 qui exprimait des dizaines
exprime des dixièmes, le 7 qui exprimait des centaines, exprime des unités simples, etc. Chaque chiffre
ayant une valeur 100 fois moindre, le nombre tout
entier est devenu 100 fois moins grand.

18. Diviser 9483564 par 10000.

Séparant quatre chiffres sur la droite du dividende, nous aurons 948 pour quotient, et 3564
pour reste ; ou mieux, le quotient sera 948, 3564 ;
et, par un raisonnement semblable au précédent,

on prouverait que ce dernier nombre est dix mille
fois plus faible que 9483564.

19. Diviser 365 par 100,000.

Comme 365 ne contient pas assez de chiffres
pour qu'on puisse en séparer cinq sur sa droite,
nous obtiendrons pour quotient la fraction décimale 0,00365 qui est 100,000 fois plus petite que
le nombre entier 365.

20. Quel est le nombre qui, ayant été divisé par
29, a donné pour quotient 36 ?

Il faut multiplier 29 par 36, et l'on trouvera que
le nombre cherché est 1044. En effet, 1044 divisé
par 29, donne 36 au quotient.

21. Par quel nombre a-t-on divisé 768, pour
trouver au quotient 32 ?

Il faut diviser 768 par 32, et l'on trouvera que le
nombre cherché est 24. En effet, 768 divisé par 24,
donne 32 pour quotient.

22. Par quel nombre faudrait-il multiplier 45,
pour trouver au produit 1035 ?

Divisez 1035 par 45, et vous trouverez que le
nombre cherché est 23. En effet, 45 multiplié par
23, donne 1035 pour produit.

EXERCICES.

23. Lire les nombres : 40060500. — 70869800005. —
8000056000.

24. Écrire les nombres : Vingt mille, soixante unités.

Quatre millions, trente mille, quatre-vingt-six unités.
Soixante-dix millions, quatre cent-cinq unités.
Cinq billions, huit cent-neuf mille.

25. On a retranché 58 d'un certain nombre, et l'on a eu 37 pour reste : quel est ce nombre ?
Réponse. — 95.

26. On a retranché un certain nombre de 75, et l'on a eu 29 pour reste : quel est ce nombre ?
Rép. — 46.

27. Quel nombre faudrait-il ajouter à 28, pour trouver 63 ?
Rép. — 35.

28. Multiplier 47 par 100.
Multiplier 9867 par 100,000.
Multiplier 836 par 100,000,000.

29. Diviser 948 par 10.
Diviser 35843 par 1000.
Diviser 93 par 10,000.
Diviser 465 par 1000.

30. On a divisé un nombre par 13, et l'on a eu pour quotient 64 : quel est ce nombre ?
Rép. — 832.

31. Par quel nombre a-t-on divisé 1176, pour trouver 24 au quotient ?
Rép. — 49.

32. Quel est le nombre qui, ayant été multiplié par 23, a donné pour produit 1495 ?
Rép. — 65.

NOMBRES DÉCIMAUX.

33. Lire le nombre décimal 27.346 ?

On peut lire ce nombre des trois manières suivantes :

1° 27 unités, 3 dixièmes, 4 centièmes, 6 millièmes ;

2° 27 unités, 346 millièmes ;

3° 27,346 millièmes.

34. Lire le nombre décimal 569.0704 ?

On peut lire ce nombre des trois manières suivantes :

1° 569 unités, 7 centièmes, 4 dix-millièmes.

2° 569 unités, 704 dix-millièmes ;

3° 5,690,704 dix-millièmes.

35. Lire la fraction décimale 0,308 ?

On peut lire cette fraction des deux manières suivantes :

1° 3 dixièmes, 8 millièmes ;

2° 308 millièmes.

36. Lire la fraction décimale 0.800256 ?

On peut lire cette fraction des deux manières suivantes :

1° 8 dixièmes, 2 dix-millièmes, 5 cent-millièmes, 6 millionièmes ;

2 800,256 millionièmes.

37. Ecrire le nombre 5 unités, 4 centièmes?

On se rappellera que les centièmes doivent être au second rang après le point, parce que, dans les nombres entiers, les centaines sont au troisième rang, et l'on écrira 5.04

38. Ecrire le nombre 4028 millièmes?

Le chiffre 8 qui représente des millièmes, doit être au troisième rang après le point, parce que, dans les nombres entiers, les mille sont au quatrième rang; on écrira donc 4.028.

39. Ecrire le nombre 15 unités, 203 cent-millièmes?

Plaçant le chiffre 3 qui représente des cent-millièmes, au cinquième rang après le point, parce que les centaines de mille sont au sixième rang dans les nombres entiers, on écrira 15.00203.

40. Ecrire le nombre 20,075,036 dix-millièmes?

Le chiffre 6 qui représente des dix-millièmes, sera placé au quatrième rang après le point, parce que les dizaines de mille sont au cinquième rang dans les nombres entiers; on écrira donc 2007.5036.

41. Ecrire 805 millièmes?

Le chiffre 5 qui représente des millièmes, sera placé après le point; on voit donc qu'il n'y aura pas de partie entière, et l'on écrira 0.805.

42. Ecrire 300 millièmes?

Le dernier chiffre de ce nombre doit être placé

au troisième rang après le point; nous écrirons donc 0.300.

43. Ecrire 3 cent-millièmes ?

Les cent-millièmes devant être placés au cinquième rang après le point, nous écrirons 0.00003.

44. Ecrire 300 cent-millièmes ?

Nous écrirons encore, en mettant les cent-millièmes au cinquième rang après le point, 0.00300.

45. Ecrire 3704 millionièmes ?

Les millions étant au septième rang dans les nombres entiers, le chiffre 4, qui représente des millionièmes devra donc être placé au sixième rang après le point ; ici encore, il n'y aura pas de partie entière, et l'on écrira 0.003704.

46. On a vendu 15 mèt. 60 c. d'une pièce de drap, et il en reste encore 13 mèt. 845 ; quelle était la longueur de la pièce ?

Ajoutant 15 mèt. 60 et 13 mèt. 845, on trouvera que la pièce avait 29 mèt. 445 de longueur.

47. Un tonneau plein d'eau pèse 195 kilog. 45, le tonneau vide pèse 6 kilog. 725 : quel est le poids de l'eau contenue dans le tonneau ?

Retranchant 6 kilog. 725, poids du tonneau vide, de 195 kilog. 45, poids du tonneau rempli d'eau, on trouvera que ce tonneau renferme 188 kilog. 725 d'eau.

48. Multiplier le nombre 94.367 par 100.

Pour multiplier un nombre décimal par dix, cent,

mille, etc., il faut avancer le point d'autant de rangs vers la droite qu'il y a de zéros dans le multiplicateur. D'après cette règle, nous obtiendrons ici 9436.7, nombre 100 fois plus fort que 94.367; car le 7, au lieu d'exprimer des millièmes, exprime des dixièmes; le 6, au lieu d'exprimer des centièmes, exprime des unités; le 4, au lieu d'exprimer des unités, exprime des centaines, etc. Chaque chiffre ayant acquis une valeur 100 fois plus grande, le nombre lui-même est devenu 100 fois plus grand.

49. Multiplier 8.467385 par 10,000.

Avançant le point de quatre rangs vers la droite, nous aurons 84673.85. Démonstration analogue à la précédente.

50. Multiplier 45.39 par 100,000.

Le nombre 45.39 n'ayant pas assez de chiffres décimaux pour que le point puisse être avancé de cinq rangs vers la droite, on y suppléera par des zéros, et l'on aura le nombre entier 4,539,000.

51. Multiplier 0.0368 par 1000.

Avançant le point de trois rangs vers la droite, nous aurons le nombre 36.8.

52. Multiplier 0.043 par 1,000,000.

Ici encore nous serons obligés d'ajouter des zéros, puisqu'il n'y a pas assez de chiffres décimaux, et nous obtiendrons le nombre entier 43,000.

53. Une plume coûtant 0 fr. 035, on demande le prix du paquet de 25 plumes?

Les 25 plumes coûteront 25 fois 0 fr. 035 ; il faut donc multiplier 0 fr. 035 par 25, et l'on trouvera que le paquet coûte 0 fr. 875.

54. Un mètre de drap coûte 17 fr. 45, combien coûteront 49 mèt. 75 ?

Si un mètre coûte 17 fr. 45, 49 mètres et 75 centimètres coûteront 49 fois 17 fr. 45, plus 75 fois la centième partie de 17 fr. 45. Il faut donc multiplier 17 fr. 45 par 49 mèt. 75, et l'on trouvera que ces mètres coûtent 868 fr. 13 à un centime près.

55. Un kilogramme de café coûte 3 fr. 15, combien coûteront 5 kilog. 875 ?

Si un kilogramme coûte 3 fr. 15, 5 kilog. et 875 millièmes de kilog. coûteront 5 fois 3 fr. 15, plus 875 fois la millième partie de 3 fr. 15. Il faut donc multiplier 3 fr. 15 par 5 kilog. 875, et l'on trouvera que ces kilogrammes coûtent 18 fr. 50 à un centime près.

56. Pour un franc, on a eu 0 kilog. 465 de sucre ; combien aura-t-on de sucre pour 28 fr. 40 ?

Si, pour un franc, on a eu 0 kilog. 465 de sucre ; pour 28 fr. 40 on aura 28 fois 0 kilog. 465, plus 40 fois la centième partie de 0 kilog. 465. Il faut donc multiplier 0 kilog. 465 par 28 fr. 40, et l'on trouvera que, pour cette somme, on doit avoir 13 kilog. 206 de sucre.

57. Un litre de vin coûte 0 fr. 65, combien coûteront 0 lit. 854 ?

Si un litre coûte 0 fr. 65, 0 lit. 854 coûteront 854 fois la millième partie de 0 fr. 65. Il faut multiplier 0 fr. 65 par 0 lit. 854, et l'on trouvera que cette fraction de litre coûte 0 fr. 55 à un centième près.

58. Un hectare de terrain coûte 24,625 fr., combien coûteront 0 hect. 6470 ?

L'hectare coûtant 24,625 fr., 0 hect. 6470 coûteront 6470 fois la dix-millième partie de 24,625 fr. Multiplions donc 24,625 fr. par 0 hect. 6470, et nous trouverons que ce terrain coûte 15,932 fr. 37 à un centime près.

59. Diviser le nombre 39,765.48 par 1000.

Pour diviser un nombre décimal par dix, cent, mille, etc. ; il faut reculer le point d'autant de rangs vers la gauche qu'il y a de zéros dans le diviseur. D'après cette règle, nous obtiendrons 39.76548, nombre mille fois plus faible que 39,765.48, car le 5 au lieu d'exprimer des unités, exprime maintenant des millièmes; le 9, au lieu d'exprimer des unités de mille, exprime maintenant des unités simples, etc. Chaque chiffre ayant une valeur mille fois plus faible, le nombre lui-même est devenu mille fois moins grand.

60. Diviser 97.54 par 10.

Reculant le point d'un rang vers la gauche, nous aurons 9.754 ; un raisonnement semblable au précédent prouverait que ce nombre est dix fois plus petit que 97.54.

61. Diviser 58.43 par 10,000.

Comme il n'y a pas assez de chiffres dans la partie entière pour reculer le point de quatre rangs vers la gauche, nous y suppléerons par des zéros, et nous aurons 0.005843.

62. Diviser 0.0045 par 100.

Nous allons reculer le point de deux rangs vers la gauche ; ainsi, en écrivant dans le nouveau nombre le zéro des centièmes, rappelons-nous que nous écrivons le zéro des unités du nombre 0.0045 ; et, après lui, copions textuellement les autres chiffres décimaux. Nous trouverons 0.000045.

63. Diviser 0.00035 par 1,000,000.

Comme il faut reculer le point de six rangs vers la gauche, quand nous écrirons dans le nouveau nombre le zéro des millionièmes, nous saurons que c'est le zéro des unités du nombre proposé ; et, après lui, copiant textuellement, nous aurons 0.00000000035.

64. Quel est le nombre qui, multiplié par 0.025, donne pour produit 1 ?

Le produit de la multiplication étant 1, et 0.025 étant un de ses facteurs, pour trouver l'autre facteur, divisons 1 par 0.025, ou en complétant les décimales et supprimant les points, divisons 1000 par 25, et nous trouverons que le nombre cherché est 40.

65. 14 mèt. 25 de drap ont coûté 195 fr. 30, quel est le prix du mètre ?

Si je connaissais le prix du mètre, et que je voulusse connaître le prix de 14 mèt. 25, je multiplierais le prix du mètre par 14 mèt. 25, et je trouverais 195 fr. 30 ; donc, 195 fr. 30 sont le produit
d'une multiplication, dont 14 mèt. 25 sont l'un des
facteurs, et pour avoir l'autre facteur qui est le prix
du mètre, il faut diviser 195 fr. 30 par 14 mèt. 25.
On trouvera que le prix du mètre est de 13 fr. 70
à un centime près.

66. 0 lit. 75 de rhum ont coûté 2 fr. 65, quel est
le prix du litre ?

Si je connaissais le prix du litre, et que je voulusse connaître le prix de 0 lit. 75, je multiplierais
le prix du litre par 0 lit. 75, et je trouverais 2 fr. 65 ;
donc 2 fr. 65 sont le produit d'une multiplication
dont 0 lit. 75 sont l'un des facteurs, et pour avoir
l'autre facteur qui est le prix du litre, il faut diviser 2 fr. 65 par 0 lit. 75. On trouvera que le litre
de rhum coûte 3 fr. 53 à un centième près.

67. Pour 27 fr. 15, on a eu 38 mèt. de ruban ;
combien aura-t-on de ruban pour 1 franc ?

Si je connaissais ce qu'on aura de ruban pour
1 franc, et que je voulusse connaître ce qu'on aura
de ruban pour 27 fr. 15, je multiplierais la quantité
de ruban qu'on a eue pour un franc, par 27 fr. 15,
et je trouverais 38 mèt. ; donc 38 mèt. sont le produit d'une multiplication dont 27 fr. 15 sont l'un
des facteurs, et pour avoir l'autre facteur, qui est
la quantité de ruban qu'on aura pour 1 franc, il

faut diviser 38 mèt. par 27 fr. 15. On trouvera que,
pour 1 franc, on doit avoir 1 mèt. 39 à un centimètre près.

68. On a acheté pour 60 fr. de ruban, à 1 fr. 75
le mètre; combien a-t-on eu de mètres ?

Il est évident que, autant de fois 60 fr. contiennent 1 fr. 75, autant de mètres de ruban on a achetés; divisant 60 fr. par 1 fr. 75, on trouve qu'on a
acheté 34 m. 285 à un millimètre près.

69. Avec 4 kilogr. 654 de peinture, on a couvert
un mur de 65 m. car. 85; quelle partie du mur a-t-
on couverte, avec un kilogramme de peinture ?

Si je connaissais combien on a couvert de mètres
carrés avec un kilogramme de peinture, et que je
voulusse connaître combien on en a couvert avec
4 kilogr. 654, je multiplierais le nombre de mètres
carrés couverts avec un kilogr., par 4 kilogr. 654,
et je trouverais 65 m. car. 85; donc 65 m. car. 85
sont le produit d'une multiplication dont 4 kilogr.
654 sont l'un des facteurs; et pour avoir l'autre facteur, qui est le nombre de mètres carrés couverts
avec un kilogr. de peinture, il faut diviser 65 m.
car. 85 par 4 kilogr. 654. On trouvera qu'avec un
kilogr. de peinture, on a couvert 14 m. car. 14, à
un décimètre carré près.

70. Avec 4 kilog. 654 de peinture, on a couvert
un mur de 65 m. car. 85; combien a-t-on employé
de peinture pour couvrir un mètre carré ?

Si je connaissais la quantité de peinture employée pour couvrir un mètre carré, et que je voulusse connaître la quantité nécessaire pour couvrir 65 m. car. 85, je multiplierais là quantité de peinture nécessaire pour couvrir un mètre carré par 65 m. car. 85, et trouverais 4 kg. 654; donc 4 kg. 654 sont le produit d'une multiplication dont 65 m.c. 85 sont l'un des facteurs ; et, pour avoir l'autre facteur, il faut diviser 4 kg. 654 par 65 m. car. 85. On trouvera que, pour couvrir un mètre carré, il a fallu 0 kilog. 070, à un gramme près.

71. En supposant que 25 kilog. 674 de poudre à canon renferment 19 kilog. 70 de salpêtre, combien un kilogramme de poudre renferme-t-il de salpêtre ?

Si je connaissais ce qu'un kilogramme de poudre renferme de salpêtre, et que je voulusse connaître la quantité de salpêtre renfermée dans 25 kg. 674 de poudre, je multiplierais la quantité de salpêtre contenue dans un kilog. de poudre par 25 kg. 674, et je trouverais 19 kg. 70. Donc, 19 kg. 70 sont le produit d'une multiplication dont 25 kg. 674 sont l'un des facteurs, et pour avoir l'autre facteur, qui est la quantité de salpêtre renfermée dans un kilog. de poudre, il faut diviser 19 kg. 70 par 25 kg. 674. On trouvera qu'un kilogramme de poudre renferme 0 kg. 767 de salpêtre, à un millième près.

72. On mêle 5 lit. 75 de vin avec 12 l. 40 d'eau ;

combien y a-t il de vin et d'eau dans un litre du mélange ?

5 lit. 75 de vin et 12 lit. 40 d'eau font 18 lit. 15 de mélange. Si 18 lit. 15 de mélange renferment 5 l. 75 de vin, un litre du mélange renfermera 5 l. 75 de vin divisés par 18 l. 15 ou 0 l. 317 de vin. Si 18 l. 15 du mélange renferment 12 l. 40 d'eau, un litre du mélange renfermera 12 l. 40 d'eau divisés par 18 l. 15 ou 0 l. 683 d'eau. En effet, 0 l. 317 de vin et 0 l. 683 d'eau font bien un litre du mélange.

EXERCICES ;

73. Lire les nombres décimaux : 7,048. — 25,00803.— 0,0503. — 0,0070086 ?

74. Écrire les nombres décimaux : 12 unités, 503 millièmes.

18 unités, 40025 millionièmes.

58024 dix-millièmes.

7030086 cent-millièmes.

13 centièmes.

900 millièmes.

9 cent-millièmes.

900 cent-millièmes.

803 dix-millièmes.

75. Quel était le poids d'une barrique de café, dont on a vendu 95 kil. 7, et dont il reste encore 47 kil. 85 ?

Réponse. — 143 kil. 55.

76. Une balle de coton pèse brut 285 kil. 65, l'emballage seul pèse 13 kil. 8 : quel est le poids net de cette balle de coton ?

Rép. — 271 kil. 85.

77. Multiplier le nombre 85.3467 par 1000.

Multiplier le nombre 9.6453785 par 1,000,000.

Multiplier le nombre 25.7 par 10,000.

Multiplier le nombre 92,5 par 1000.

Multiplier 0,9467 par 100.

Multiplier 0,00063 par 100.

Multiplier 0,0045 par 10,000.

Multiplier 0,0097 par 1,000,000.

78. Un crayon coûte 0 fr. 15, combien coûtera la grosse qui en renferme 12 douzaines ?

Rép. — 21 fr. 60.

79. Un stère de bois coûte 21 fr. 45, combien coûteront 18 st. 7 ?

Rép. — 401 fr. 12.

80. Un mètre de velours coûte 5 fr. 35, combien coûteront 189 m. 475 ?

Rép. — 1013 fr. 69.

81. Un are de terrain a coûté 285 fr. 30, combien coûteront 3 ar. 98 ?

Rép. — 1135 fr. 50.

82. Pour un franc, on a eu 2 lit. 5 de vin, combien aura-t-on de litres pour 16 fr. 85 ?

Rép. — 42 lit. 13.

83. Un kilogramme de cochenille coûté 214 fr. 20, combien coûteront 0 kil. 385 ?

Rép. — 82 fr. 47.

84. Un mètre de ruban de fil a coûté 0 fr. 25, combien coûteront 0 m. 475 ?

Rép. — 0 fr. 12.

85. Pour un franc, on a eu 3 kil. 654 de pain, quelle quantité de pain aura-t-on pour 0 fr. 40 ?

Rép. — 1 kil. 462.

86. Diviser le nombre 9853.76 par 100.

Diviser le nombre 4783965.29 par 1,000,000.

Diviser le nombre 573.82 par 10,000.

Diviser le nombre 28.756 par 100,000.

Diviser le nombre 0.07 par 10.

Diviser le nombre 0.0083 par 10,000.

87. Quel est le nombre qui, multiplié par 4.50, donne pour produit 1 ?

Rép. — 0.222 à un millième près.

88. 9 lit. 354 d'eau-de-vie ont coûté 25 fr. 40, quel est le prix du litre ?

Rép. — 2 fr. 72.

89. 0 hect. 45 de terrain ont coûté 9030 fr., quel serait le prix de l'hectare ?

Rép. — 20,066 fr. 66.

90. Pour 42 fr. 50 on a eu 15 kil. 75 de sucre, combien aura-t-on de sucre pour un franc ?

Rép. — 0 kil. 370.

91. Si 1 lit. 85 de vin coûtent un franc, et qu'on ait 47 lit. 36, quelle somme a-t-on déboursée ?

Rép. — 25 fr. 60.

92. Avec 3 gr. 254 de bleu, on a coloré 25 lit. 60 d'eau, quelle quantité d'eau a été colorée avec un gramme de bleu?

Rép. — 7 lit 867.

93. Avec 3 gr. 254 de bleu on a coloré 25 lit. 60 d'eau, quelle quantité de bleu a-t-il fallu pour colorer un litre d'eau ?

Rép. — 0 gr. 127.

94. Si 27 kil. 95 de bronze renferment 23 kil. 40 de cuivre, quel poids de cuivre y a-t-il dans un kilogramme de ce bronze ?

Rép. — 0 kil. 837.

95. Pour faire du laiton ou cuivre jaune, on a allié 7 kil. 25 de cuivre, avec 3 kil. 70 de zinc, combien y a-t-il de cuivre et de zinc dans un kilogramme de ce laiton ?

Rép. — 0 kil. 622 de cuivre, et 0 kil. 338 de zinc.

ADDITION DES FRACTIONS.

96. Un détaillant a déjà débité 193 litres $\frac{3}{4}$ d'une barrique d'eau-de-vie : il lui en reste encore 125 litres $\frac{8}{9}$; combien la barrique contenait-elle de litres ?

Il faut ajouter 193 litres $\frac{3}{4}$ avec 125 litres $\frac{8}{9}$.

On ajoutera d'abord les fractions $\frac{3}{4}$ et $\frac{8}{9}$, et de leur somme on extraira les entiers, que l'on additionnera avec les 193 litres et les 125 litres, ce qui donnera pour total 319 litres $\frac{23}{36}$.

97. La moitié et le tiers d'un nombre font 15, quel est ce nombre ?

Ajoutant $\frac{1}{2}$ et $\frac{1}{3}$, on trouve $\frac{5}{6}$. La question revient donc à celle-ci : les $\frac{5}{6}$ d'un nombre sont 15, quel est ce nombre ? Si les $\frac{5}{6}$ du nombre cherché sont 15, $\frac{1}{6}$ de ce nombre sera le cinquième de 15 ou 3, et les $\frac{6}{6}$ du nombre, ou le nombre lui même sera 6 fois 3 ou 18. En effet, la moitié de 18 est 9, le tiers de 18 est 6, et $9 + 6 = 15$.

98. Les $\frac{5}{6}$ et les $\frac{3}{4}$ d'un nombre réunis, font 57; quel est ce nombre ?

Ajoutant $\frac{5}{6}$ et $\frac{3}{4}$, on trouve pour total $\frac{38}{24} = \frac{19}{12}$. La question revient donc à celle-ci : les $\frac{19}{12}$ d'un nombre sont 57, quel est ce nombre ? Si les $\frac{19}{12}$ du nombre cherché sont 57, $\frac{1}{12}$ de ce nombre sera la dix-neuvième partie de 57 ou $\frac{57}{19}$, et $\frac{12}{12}$ du nombre ou le nombre lui-même sera $\frac{57 \times 12}{19} = \frac{684}{19} = 36$.

En effet, les $\frac{5}{6}$ de 36 donnent $\frac{36 \times 5}{6} = 30$.

les $\frac{3}{4}$ de 36 donnent $\frac{36 \times 3}{4} = 27$.

Ce qui donne bien pour total   57.

99. Un homme achèverait un ouvrage en $\frac{1}{4}$ de jour, sa femme achèverait l'ouvrage en $\frac{1}{3}$ de jour, et leur enfant en $\frac{1}{2}$ jour. Les trois personnes se réunissent, en combien de temps l'ouvrage sera-t-il achevé ?

L'homme faisant l'ouvrage en $\frac{1}{4}$ de jour, ferait en un jour 4 fois l'ouvrage; la femme faisant l'ouvrage en $\frac{1}{3}$ de jour, ferait en un jour 3 fois l'ouvrage; de même, l'enfant ferait en un jour 2 fois l'ouvrage. Les trois personnes réunies feraient donc en un jour 4 fois + 3 fois + 2 fois, ou 9 fois l'ouvrage, et pour faire une seule fois l'ouvrage, elles mettront $\frac{1}{9}$ de jour.

100. Une fontaine remplirait un bassin en 3 heures, une autre fontaine remplirait le bassin en 5 heures; en fait couler les deux fontaines à la fois, en combien de temps le bassin sera-t-il plein ?

La première fontaine remplissant le bassin en 3 heures, remplirait en une heure, $\frac{1}{3}$ du bassin; la seconde fontaine remplissant le bassin en 5 heures, remplirait en une heure $\frac{1}{5}$ du bassin. Les deux fontaines coulant ensemble, rempliront donc en une heure, $\frac{1}{3} + \frac{1}{5}$ ou les $\frac{8}{15}$ du bassin. Si elles remplissent les $\frac{8}{15}$ du bassin en une heure, pour remplir $\frac{1}{15}$.

du bassin, elles mettront $\frac{1}{8}$ d'heure, et pour remplir les $\frac{15}{15}$ du bassin, ou le bassin entier, elles mettront 15 fois plus de temps, ou $\frac{15}{8}$ d'heure, ou 1 h. $+ \frac{7}{8}$.

101. Une pompe épuiserait un fossé rempli d'eau, en 8 jours $\frac{1}{4}$; une autre pompe épuiserait le fossé en 7 jours $\frac{2}{3}$. On fait travailler les deux pompes à la fois, en combien de temps le fossé sera-t-il mis à sec ?

La première pompe épuisant le fossé en 8 jours $\frac{1}{4}$, ou $\frac{33}{4}$ de jour, épuiserait en $\frac{1}{4}$ de jour $\frac{1}{33}$ du fossé; et dans $\frac{4}{4}$ de jour ou un jour, elle épuiserait les $\frac{4}{33}$ du fossé. La seconde pompe épuisant le fossé en 7 j. $\frac{2}{3}$, ou $\frac{23}{3}$ de jour, épuiserait dans $\frac{1}{3}$ de jour $\frac{1}{23}$ du fossé; et dans $\frac{3}{3}$ de jour ou un jour, elle épuiserait les $\frac{3}{23}$ du fossé. Les deux pompes travaillant à la fois, épuiseront donc en un jour $\frac{4}{33} + \frac{3}{23}$ ou les $\frac{191}{759}$ du fossé. Si elles dessèchent en un jour les $\frac{191}{759}$ du fossé, pour en dessécher $\frac{1}{759}$, elle mettront 191 fois moins de temps ou $\frac{1}{191}$ de jour, et pour dessécher les $\frac{759}{759}$ du fossé ou le fossé tout entier, elles mettront 759 fois plus de temps ou $\frac{759}{191}$ de jour, ou $3\frac{v}{2}$ jours $+$ $\frac{186}{191}$.

102. On a un mur de 45 mètres de long à faire construire. Une troupe d'ouvriers le construirait dans 6 jours, en travaillant 9 heures par jour; une autre troupe le ferait dans 8 jours, en travaillant 7 heures par jour. Comme l'ouvrage presse, on réunit les deux troupes, et elles travaillent ensemble 8 heures par jour : en combien de temps le mur sera-t-il construit?

Négligeons les 45 mètres qui sont inutiles à la résolution du problème. La première troupe faisant l'ouvrage dans 6 jours, en travaillant 9 heures par jour, fait donc l'ouvrage en 54 heures, et dans une heure, elle fait $\frac{1}{54}$ de l'ouvrage. La seconde troupe qui met 8 jours, en travaillant 7 heures par jour, fait donc l'ouvrage en 56 heures, et dans une heure, elle fait $\frac{1}{56}$ de l'ouvrage. Les deux troupes réunies font donc en une heure $\frac{1}{54} + \frac{1}{56}$, ou les $\frac{110}{3024}$ de l'ouvrage; pour faire $\frac{1}{3024}$ de l'ouvrage, elles mettront 110 fois moins de temps, ou $\frac{1}{110}$ d'heure, et pour faire les $\frac{3024}{3024}$ de l'ouvrage ou l'ouvrage entier, elles mettront 3024 fois plus de temps, ou $\frac{3024}{110}$ d'heure, ou 27 heures $+\frac{34}{110}$. Comme les deux troupes travaillent 8 heures par jour , 27 heures contenant 3 fois 8 heures plus 3 heures, les deux troupes achèveront ensemble le mur en 3 j 3 h. $+\frac{54}{110}$ d'heu-re.

103. Une fontaine donne 8 litres d'eau en 7 minutes; une autre donne 5 litres en 6 minutes : combien les deux fontaines donnent-elles ensemble de litres en une minute ?

La première fontaine donnant 8 litres en 7 minutes, donne en une minute le $\frac{1}{7}$ de 8 litres ou $\frac{8}{7}$ de litre. La seconde fontaine donnant 5 litres en 6 minutes, donne en une minute le $\frac{1}{6}$ de 5 litres ou $\frac{5}{6}$ de litre. Les deux fontaines réunies donneront donc en une minute $\frac{8}{7}+\frac{5}{6}$, ou $\frac{83}{42}$ de litre, ou 1 litre $+\frac{41}{42}$.

104. Un instituteur interrogé sur le nombre de ses élèves, répond : Si vous ajoutez la moitié, le quart et le septième de mes élèves, vous en trouverez 12 de moins que je n'en ai : combien l'instituteur a-t-il d'élèves ?

Ajoutons $\frac{1}{2}+\frac{1}{4}+\frac{1}{7}$, ce qui donne pour total les $\frac{50}{56}$ de la classe. Or, la classe entière se compose de $\frac{56}{56}$; il nous manque donc les $\frac{6}{56}$ de la classe. Mais on nous dit que, par ce calcul, nous devons trouver 12 él. de moins ; ces 12 él. forment donc les $\frac{6}{56}$ de la classe. Si les $\frac{6}{56}$ de la classe sont 12 élèves, $\frac{1}{56}$ de la classe sera le $\frac{1}{6}$ de 12 élèves ou 2 élèves, et les $\frac{56}{56}$ de la classe ou la classe entière sera 56 fois 2 élèves ou 112 élèves. Vérification :

La moitié de 112 élèves est   56 élèves.
Le quart de 112 élèves est   28 élèves.
Le septième de 112 élèves est 16 élèves.

Ce qui donne pour total   100 élèves, c'est-à-dire 12 de moins que n'en a l'instituteur.

105. Un père partage une somme d'argent entre ses quatre fils : l'aîné a le tiers de la somme, le second en a les $\frac{2}{7}$, le troisième en a le quart, et le plus jeune a 22 fr. pour sa part. Quelle est la somme partagée et la part de chaque enfant?

Ajoutons $\frac{1}{3} + \frac{2}{7} + \frac{1}{4}$, pour savoir quelle partie da la somme les trois premiers enfants réunis ont eue : nous trouvons qu'ils ont reçu ensemble les $\frac{73}{84}$ de le somme. Or, la somme totale se compose de $\frac{84}{84}$; le plus jeune a donc eu les $\frac{11}{84}$ de la somme. Mais on nous dit qu'il a eu 22 fr.; donc 22 fr. sont les $\frac{11}{84}$ de la somme cherchée. Si les $\frac{11}{84}$ de la somme sont 22 fr., $\frac{1}{84}$ de cette somme sera le $\frac{1}{11}$ de 22 fr. ou $\frac{22}{11}$

de franc, et les $\frac{84}{84}$ de la somme ou la somme entière sera 84 fois plus grande, ou $\frac{22 \times 84}{11} + \frac{1848}{11} = 168$ francs. Vérification :

Le premier enfant aura le $\frac{1}{3}$ de 168 fr. ou 56 fr.

Le second enfant aura les $\frac{2}{7}$ de 168 fr.

ou $\frac{168 \times 2}{7}$ ou 48 fr.

Le troisième enfant aura le $\frac{1}{4}$ de 168 fr. ou 42 fr.

La part du quatrième enfant nous est donnée de 22 fr.

Ce qui donne bien pour total 168 fr.

EXERCICES.

106. Quelle était la longueur d'une pièce de drap dont on a déjà vendu 15 m. 5/6, et dont il reste 18 m. 7/12?

Réponse. — 34 m. 5/12.

107. Le quart et le septième d'un nombre font 33 : quel est ce nombre ?

Rép. — 84.

108. Les 3/8 et les 2/9 d'un nombre font 86 : quel est ce nombre ?

Rép. — 144.

109. Les 2/3, les 4/7 et les 3/5 d'un nombre, font ensemble 579 : quel est ce nombre?

Rép. — 3 15/16.

110, Une fontaine remplirait un réservoir en 1/5 d'heure une autre fontaine remplirait le réservoir en 1/8 d'heure, et une troisième en 1/7 d'heure ; si les trois fontaines coulent ensemble, en combien de temps rempliront-elles le réservoir?

Rép. — En 1/20 d'heure, ou 3 minutes.

111. Une jeune personne ferait une broderie en 4 jours ; une autre jeune personne la ferait en 5 jours ; si ces deux jeunes personnes travaillent ensemble à la même broderie, en combien de temps sera-t-elle achevée?

Rép. — En 2 jours + 2/9.

112. Un orifice est assez large pour vider un bassin en 7 minutes, un autre orifice viderait le bassin en 9 minutes ; on ouvre les deux orifices à la fois, dans combien de temps le bassin sera-t-il épuisé?

Rép. — En 3 minutes + 15/16, ou 3 minutes, 56 secondes 1/4.

113. Un ouvrier achèverait un ouvrage en 3/4 de jour, un autre ouvrier achèverait l'ouvrage en 5/6 de jour ; les deux ouvriers se réunissent, en combien de temps l'ouvrage sera-t-il achevé?

Rép. — En 15/38 de jour.

114. Un métier tisserait une pièce de toile de 50 mètres de long, en 2 jours, en travaillant 6 heures par jour ; un autre métier tisserait la pièce de toile en 3 jours, en travaillant 5 heures par jour. Si l'on applique les deux métiers à tisser la même pièce, et qu'on les fasse marcher 4 heures par jour, dans combien de temps tisseront-ils la pièce de toile?

Rép. — En 1 jour, 2 heures 2/3, ou 1 j. 2 h. 40 m.

115. Une source fournit 9 litres d'eau en 4 secondes, une source voisine donne 7 litres en 8 secondes : combien les deux sources donnent-elles ensemble de litres par seconde?

Rép. — 3 lit. $+$ 1/8, ou 3 lit. 125.

116. Un berger, interrogé sur le nombre de ses moutons, répond : *Si vous ajoutez le 1/3 , les 2/5 et les 3/8 de mon troupeau , vous trouverez 26 moutons de plus que je n'en ai : combien le berger a-t-il de moutons?*

Rép. — 240 moutons.

SOUSTRACTION DES FRACTIONS.

117. Un marchand avait 45 m. $\frac{8}{9}$ de drap ; il en a vendu 28 m. $\frac{4}{5}$: combien lui en reste-t-il?

Retranchant d'abord $\frac{4}{5}$ de $\frac{8}{9}$, on trouve pour reste $\frac{4}{45}$; puis, retranchant 28 mètres de 45 mètres, on trouve pour reste 17 mètres. Le marchand a donc encore 17 m. $+\frac{4}{45}$ de drap.

118. Un marchand avait 28 l. $\frac{2}{3}$ de vin ; il en a vendu 15 l. $\frac{6}{7}$: combien lui en reste-t-il?

Il faudrait d'abord retrancher $\frac{6}{7}$ de $\frac{2}{3}$; mais ces deux fractions étant réduites au même dénominateur, on voit que la soustraction est impossible , puisque $\frac{6}{7}$ équivaut à $\frac{18}{21}$, et que $\frac{2}{3}$ ne vaut que $\frac{14}{21}$. On emprunte alors, sur les 28 litres, un litre qui vaut $\frac{21}{21}$, que l'on ajoute à $\frac{14}{21}$, ce qui donne $\frac{35}{21}$; puis retranchant $\frac{18}{21}$ de $\frac{35}{21}$, il reste $\frac{17}{21}$. Enfin, on retranche 15 litres, non plus de 28 litres, mais de 27 litres, à cause du litre emprunté, et l'on trouve qu'il reste au marchand 12 l. $\frac{17}{21}$ de vin.

119. Une personne ayant oublié un nombre, se rappelle seulement qu'il y avait 12 de différence entre les $\frac{8}{9}$ et les $\frac{5}{6}$ de ce nombre : quel est-il ?

Retranchant $\frac{5}{6}$ de $\frac{8}{9}$, on trouve pour différence $\frac{3}{54}$. La question revient donc à celle-ci : les $\frac{3}{54}$ d'un nombre sont 12, quel est ce nombre ? Si les $\frac{3}{54}$ du nombre cherché sont 12, $\frac{1}{54}$ de ce nombre sera le tiers de 12 ou 4, et les $\frac{54}{54}$ du nombre ou le nombre lui-même sera 54 fois 4 ou 216. En effet :

$$\text{Les } \frac{8}{9} \text{ de } 216 \text{ donnent } \frac{216 \times 8}{9} = 192$$

$$\text{Les } \frac{5}{6} \text{ de } 216 \text{ donnent } \frac{216 \times 5}{6} = 180$$

Ce qui donne bien pour différence   12

120. Le total des $\frac{2}{3}$ et des $\frac{3}{4}$ d'un nombre, diminué des $\frac{5}{6}$ du même nombre, donne 14 : quel est ce nombre ?

Ajoutons $\frac{2}{3}$ et $\frac{3}{4}$, ce qui donne pour total $\frac{17}{12}$. De $\frac{17}{12}$ retranchons $\frac{5}{6}$ ou $\frac{10}{12}$, ce qui est la même chose, il reste $\frac{7}{12}$. La question revient à celle-ci : les $\frac{7}{12}$ d'un nombre sont 14, quel est ce nombre ? Les $\frac{7}{12}$ du nombre cherché étant 14, $\frac{1}{12}$ de ce nombre sera le $\frac{1}{7}$ de 14 ou 2, et les $\frac{12}{12}$ du nombre ou le nombre lui-même sera 12 fois 2 ou 24. Vérification :

$$\text{Les } \tfrac{2}{3} \text{ de 24 donnent } \frac{24\times 2}{3} = 16$$

$$\text{Les } \tfrac{3}{4} \text{ de 24 donnent } \frac{24\times 3}{4} = 18$$

$$\text{Ce qui donne pour total} \qquad 34$$

$$\text{Les } \tfrac{5}{6} \text{ de 24 donnent } \frac{24\times 5}{6} = 20$$

$$\text{Ce qui donne enfin pour reste.} \quad 14$$

121. Un papetier donne 12 mains de papier pour 7 fr. ; un autre donne 9 mains du même papier pour 5 fr. : lequel des deux vend le plus cher ?

Chez le premier papetier 12 mains coûtant 7 fr., une main coûte 12 fois moins, ou $\frac{7}{12}$ de franc. Chez le second, 9 mains coûtant 5 fr., une main coûte 9 fois moins ou $\frac{5}{9}$ de franc. Réduisant au même dénominateur les deux fractions $\frac{7}{12}$ et $\frac{5}{9}$, on trouve que la première équivaut à $\frac{63}{108}$, et la seconde à $\frac{60}{108}$

C'est donc le premier papetier qui vend le plus cher.

122. Une fontaine donne 11 litres en 8 minutes; une autre donne 7 litres en 5 minutes : quelle est la plus abondante des deux?

La première fontaine donnant 11 litres en 8 minutes, donne en une minute, le $\frac{1}{8}$ de 11 litres ou $\frac{11}{8}$ de litre. La seconde fontaine donnant 7 litres en 5 minutes, donne en une minute, le $\frac{1}{5}$ de 7 litres ou $\frac{7}{5}$ de litre. Réduisant au même dénominateur les deux nombres fractionnaires $\frac{11}{8}$ et $\frac{7}{5}$, on trouve que le premier équivaut à $\frac{55}{40}$, et le second à $\frac{56}{40}$. La seconde fontaine est donc la plus abondante.

EXERCICES.

123. Un bassin reçoit par heure, d'une fontaine, 45 lit. 3/4 d'eau, et perd par un orifice 37 lit. 8/9 : combien ce bassin conserve-t-il de litres par heure?

Réponse. — 7 litres + 31/36.

124. Il y a 14 de différence entre les 3/4 et les 2/5 d'un nombre : quel est ce nombre?

Rép. — 40.

125. Les 6/7 d'un nombre, diminués des 3/5 du même nombre, donnent 18 : quel est ce nombre?

Rép. — 70.

126. Une machine fait 5 mètres de toile en 3 heures, une

autre machine fait 12 mètres en 7 heures : quelle est la plus puissante des deux ?

Rép. — La seconde machine, qui fait par heure 1/21 de mètre de plus que la première.

MULTIPLICATION DES FRACTIONS (1)

127. Multiplier $\frac{8}{9}$ par 5 ?

Multiplier $\frac{8}{9}$ par 5, c'est rendre cette fraction 5 fois plus grande, ce qui se fait en multipliant son numérateur par 5. On obtient $\frac{40}{9}$, fraction 5 fois plus grande que $\frac{8}{9}$, car il y a des neuvièmes dans

---

(1) Voici une règle très simple pour reconnaître qu'un problème se rapporte à la multiplication, soit des fractions ordinaires, soit des nombres décimaux :

Un problème se rapporte à la multiplication, quand on *connaît* la valeur de l'unité, peu importe que l'on cherche la valeur de plusieurs unités, ou seulement d'une partie d'unité.

Ex. : 1° Un mètre de drap coûte 15 fr. 40, combien coûteront 43 mèt. 85 ? — 2° Un vaisseau fait 4 lieues par heure, combien fait-il de lieues en 2|3 d'heure ?

Le premier problème se rapporte à la multiplication, parce qu'on connaît le prix d'*un* mètre ; et le second, parce qu'on connaît le nombre de lieues que le vaisseau fait en *une* heure.

Cette règle est applicable à presque tous les énoncés, et sera très-utile pour faire voir de quelle manière on doit commencer le raisonnement du problème.

les deux fractions, mais il y en a 5 fois plus dans $\frac{40}{9}$ que dans $\frac{8}{9}$.

128. Multiplier 0.027 par $\frac{5}{6}$?

Multiplier 0.027 par $\frac{5}{6}$, c'est répéter 5 fois le $\frac{1}{6}$ de 0.027 ; or, le $\frac{1}{6}$ de 0.027 est $\frac{0.027}{6}$, et les $\frac{5}{6}$ seront 5 fois plus grands, ou $\frac{0.027 \times 5}{6} = \frac{0.135}{6} = 0.0225$.

129. Multiplier $\frac{6}{7}$ par $\frac{3}{4}$?

Multiplier $\frac{6}{7}$ par $\frac{3}{4}$, c'est répéter 3 fois le quart de $\frac{6}{7}$. Or, le quart de $\frac{6}{7}$ est $\frac{6}{7}$ divisé par 4 $= \frac{6}{7 \times 4}$, et les $\frac{3}{4}$ de $\frac{6}{7}$ seront 3 fois plus grands, ou $\frac{6}{7 \times 4}$ multipliés par 3 $= \frac{6 \times 3}{7 \times 4} = \frac{18}{24} = \frac{9}{14}$.

Donc, pour multiplier une fraction par une fraction, il faut multiplier les deux numérateurs entre eux, ainsi que les deux dénominateurs.

130. Multiplier $4 + \frac{5}{6}$ par $5 + \frac{2}{3}$?

Multiplier $4 + \frac{5}{6}$ par $5 + \frac{2}{3}$, c'est répéter 5 fois $4 + \frac{5}{6}$, puis répéter 2 fois le tiers de $4 + \frac{5}{6}$. Réduisant de part et d'autre les entiers en fractions, on a $\frac{29}{6}$ à multiplier par $\frac{17}{3}$. Multiplier $\frac{29}{6}$ par $\frac{17}{3}$, c'est répéter 17 fois le tiers de $\frac{29}{6}$; or, le tiers de $\frac{29}{6}$ est $\frac{29}{6}$

divisés par $3 = \frac{29}{6 \times 3}$, et les $\frac{17}{3}$ seront 17 fois plus grands, ou $\frac{29}{6 \times 3}$ multipliés par $17 = \frac{29 \times 17}{6 \times 3} = \frac{493}{18} = 27 + \frac{7}{18}$.

131. Multiplier $4 + \frac{5}{6}$ par $5 + \frac{2}{3}$, sans réduire les entiers en fractions.

Il faudra d'abord multiplier 4 par 5, puis multiplier $\frac{5}{6}$ par 5, puis multiplier 4 par $\frac{2}{3}$, puis $\frac{5}{6}$ par $\frac{2}{3}$, et enfin ajouter ces quatre résultats :

$$1^\circ \; 4 \times 5 = 20$$
$$2^\circ \; \frac{5}{6} \times 5 = \frac{5 \times 5}{6} = \frac{25}{6} = 4 + \frac{1}{6}.$$
$$3^\circ \; 4 \times \frac{2}{3} = \frac{4 \times 2}{3} = \frac{8}{3} = 2 + \frac{2}{3}.$$
$$4^\circ \; \frac{5}{6} \times \frac{2}{3} = \frac{5 \times 2}{6 \times 3} = \frac{10}{18}.$$

Ajoutant et simplifiant, on aura : $27 + \frac{7}{18}$ résultat semblable à celui que nous avons déjà obtenu.

132. Un ruban a été coupé en cinq morceaux de $\frac{3}{8}$ de mètre chacun ; quelle était la longueur de ce ruban ?

Ce ruban était long de 5 fois $\frac{3}{8}$ de mètre, ou de $\frac{3 \times 5}{8} = \frac{15}{8} = 1$ mèt. $+ \frac{7}{8}$.

133. Pour un franc, on a eu 3 kil. $\frac{2}{7}$ de pain, combien en aura-t-on pour 9 fr. 60?

Si, pour un franc, on a eu 3 kil. $\frac{2}{7}$ ou $\frac{23}{7}$ de kil. pour 9 fr. 60, on aura 9 fois $\frac{23}{7}$ k., plus 60 fois la centième partie de $\frac{23}{7}$ k., ou $\frac{23 \times 9.60}{7} = 31$ k. 542, à un gramme près.

134. Un jour valant 24 heures, combien $\frac{5}{7}$ de jour valent-ils d'heures?

Si un jour vaut 24 heures, $\frac{5}{7}$ de jour vaudront 5 fois la septième partie de 24 heures. Or le $\frac{1}{7}$ de 24 heures $= \frac{24}{7}$ d'heure, et les $\frac{5}{7}$ de 24 heures seront 5 fois plus grands, ou $\frac{24}{7}$ multipliés par 5 $= \frac{24 \times 5}{7}$ $= \frac{120}{7} = 17$ heures $= \frac{1}{7}$.

135. Une heure valant 60 minutes, combien $\frac{8}{9}$ d'heure valent-ils de minutes?

Si une heure vaut 60 minutes, $\frac{8}{9}$ d'heure vaudront 8 fois la neuvième partie de 60 minutes. Or, le $\frac{1}{9}$ de 60 minutes $= \frac{60}{9}$ de minute, et les $\frac{8}{9}$ de 60 minutes seront 8 fois plus grands, ou $\frac{60}{9}$ multipliés par 8 $= \frac{60 \times 8}{9} = \frac{480}{9} = 53$ minutes $+ \frac{3}{9}$ ou $\frac{1}{3}$.

136. Un ouvrier ferait un certain ouvrage en 5

jours $\frac{2}{3}$; quel temps mettra-t-il à faire les $\frac{7}{8}$ de cet ouvrage?

Pour faire les $\frac{7}{8}$ de son ouvrage, l'ouvrier mettra 7 fois la huitième partie de 5 jours $\frac{2}{3}$. Réduisant les 5 jours $\frac{2}{3}$ en fraction, on a $\frac{17}{3}$ de jour, et l'on dit : Si, pour faire l'ouvrage entier, l'ouvrier met $\frac{17}{3}$ de jour, pour faire $\frac{1}{8}$ de cet ouvrage, il mettra 8 fois moins de temps, ou $\frac{17}{3}$ de jour divisés par $8 = \frac{17}{3 \times 8}$ et pour faire les $\frac{7}{8}$ de l'ouvrage, il mettra 7 fois plus de temps ou $\frac{17}{3 \times 8}$ multipliés par $7 = \frac{17 \times 7}{3 \times 8} = \frac{119}{24} =$ 4 jours $+ \frac{23}{24}$.

137. Une voiture fait 3 lieues par heure, combien de lieues fera-t-elle en 5 heures $\frac{3}{4}$?

Si la voiture fait 3 lieues dans une heure, dans 5 heures $\frac{3}{4}$ elle fera 5 fois 3 lieues, plus 3 fois le quart de 3 lieues. Il faut donc multiplier 3 lieues par 5 heures $\frac{3}{4}$. Réduisant les 5 heures $\frac{3}{4}$ en fraction, on a $\frac{23}{4}$ d'heure, et l'on dit : La voiture faisant 3 lieues dans une heure, dans $\frac{1}{4}$ d'heure elle fera le quart de 3 lieues ou $\frac{3}{4}$ de lieue, et dans $\frac{23}{4}$ d'heure elle en fera 23 fois plus, ou $\frac{3}{4}$ de lieue multipliés par 23 $= \frac{3 \times 23}{4} = \frac{69}{4} = 17$ lieues $\frac{1}{4}$.

138. Un kilogramme de café coûte 3 fr. 15, combien coûteront 6 kilog. $\frac{4}{5}$?

Le kilogr. coûtant 3 fr. 15 c., 6 kilogr. $\frac{4}{5}$ coûteront 6 fois 3 fr. 15 c., plus 4 fois la cinquième partie de 3 fr. 15. Il faut donc multiplier 3 fr. 15 par 6 kilogr. $\frac{4}{5}$. Réduisant les 6 kilog. $\frac{4}{5}$ en fraction, on a $\frac{34}{5}$ de kilogr. et l'on dit : Un kilogr. coûtant 3 fr. 15, $\frac{1}{5}$ de kilogr. coûtera 5 fois moins, ou 3 fr. 15 divisés par 5 $= \frac{3\,\text{fr.}\,15}{5}$, et $\frac{34}{5}$ de kilog. coûteront 34 fois plus ou $\frac{3\,\text{fr.}\,15}{5}$ multipliés par 34 $= \frac{3\,\text{fr.}\,15 \times 34}{5} = 21$ fr. 42 centimes.

139. On achète un ballot de marchandises, pesant 43 kilogr. 65, et l'on obtient pour le poids de l'emballage $\frac{4}{45}$ de remise ; combien de kilogr. reste-t-il à payer ?

Prenant d'abord les $\frac{4}{45}$ de 43 kil. 65, afin de connaître le poids de l'emballage, on dira : La $\frac{1}{45}$ partie de 43 kil. 65 $= \frac{43\,\text{k.}\,65}{45}$, et les $\frac{4}{45}$ seront 4 fois plus grands ou $\frac{43\,\text{k.}\,65 \times 4}{45} = \frac{174\,\text{k.}\,60}{45} = 3$ kilog. 88. Puis retranchant 3 kil. 88, montant de la remise de 43 kil. 65, on trouvera qu'il reste à payer 39 kilog. 77.

140. Un vaisseau fait 5 lieues $\frac{1}{2}$ par heure, combien de lieues fera-t-il en 3 heures $\frac{6}{7}$?

Le vaisseau faisant 5 lieues $\frac{1}{2}$ dans une heure, dans 3 heures $\frac{6}{7}$ fera 3 fois 5 lieues $\frac{1}{2}$ plus 6 fois la $\frac{1}{7}$ partie de 5 lieues $\frac{1}{2}$. Il faut donc multiplier 5 lieues $\frac{1}{2}$ par 3 heures $\frac{6}{7}$. Réduisant de part et d'autre les entiers en fraction, on a $\frac{11}{2}$ lieues et $\frac{27}{7}$ d'heure, et l'on dit : le vaisseau faisant $\frac{11}{2}$ lieues en une heure, dans $\frac{1}{7}$ d'heure il fera 7 fois moins de chemin ou $\frac{11}{2}$ lieues divisées par $7 = \frac{11}{2 \times 7}$, et dans $\frac{27}{7}$ d'heure, il fera 27 fois plus de lieues ou $\frac{11}{2 \times 7}$ multipliés par $27 = \frac{11 \times 27}{2 \times 7} = \frac{297}{14} = 21$ lieues $+ \frac{3}{14}$.

141. Un métier fait 7 mètres de toile en 8 heures, combien fera-t-il de mètres en 4 heures $\frac{5}{6}$?

Puisqu'on veut savoir ce que le métier fait dans 4 heures $\frac{5}{6}$, cherchons d'abord ce qu'il fait en une heure. Ce métier faisant 7 mètres en 8 heures, dans une heure il fera la $\frac{1}{8}$ partie de 7 mètres ou $\frac{7}{8}$ de mètre, et dans 4 heures $\frac{5}{6}$ il fera 4 fois $\frac{7}{8}$ de mèt., plus 5 fois la $\frac{1}{6}$ partie de $\frac{7}{8}$ de m. Il faut donc multiplier $\frac{7}{8}$ de m. par 4 h. $\frac{5}{6}$ ou $\frac{29}{6}$ d'heure, et dire : le métier faisant $\frac{7}{8}$ de mètre en une heure, dans $\frac{1}{6}$ d'heure il en fera 6 fois moins ou $\frac{7}{8 \times 6}$, et dans $\frac{29}{6}$ d'h. il fera 29 fois plus de m., ou $\frac{7 \times 29}{8 \times 6} = \frac{203}{48} = 4$ mètres $+ \frac{11}{48}$.

142. Un métier fait 7 mètres de toile en 8 heures : quel temps emploiera-t-il pour faire 4 m. $\frac{5}{6}$?

Puisqu'on veut savoir le temps nécessaire pour faire 4 m. $\frac{5}{6}$, cherchons d'abord le temps nécessaire pour faire un mètre. Le métier faisant 7 m. en 8 h., pour faire un mètre il mettra la $\frac{1}{7}$ partie de 8 h. ou $\frac{8}{7}$ d'heure, et pour faire 4 m. $\frac{5}{6}$, il mettra 4 fois $\frac{8}{7}$ d'h., plus 5 fois la $\frac{1}{6}$ partie de $\frac{8}{7}$ d'h. Il faut donc multiplier $\frac{8}{7}$ d'heure par 4 m. $\frac{5}{6}$ ou $\frac{29}{6}$ de m., et dire : le métier faisant 1 mètre en $\frac{8}{7}$ d'heure, pour faire $\frac{1}{6}$ de mètre, il mettra 6 fois moins de temps ou $\frac{8}{7 \times 6}$, et pour faire $\frac{29}{6}$ de mètre, il mettra 29 fois plus de temps ou $\frac{8 \times 29}{7 \times 6} = 232 = 5$ heures $+ \frac{22}{42}$ ou $\frac{11}{21}$.

Nota. Remarquons que les deux problèmes précédents, quoique posés avec les mêmes nombres, donnent deux résultats tout-à-fait différents ; cela provient de la différence des questions, qui donnent, l'une la fraction 7/8, l'autre la fraction 8/7.

143. On mêle 5 litres de vin avec 7 litres d'eau ; on demande ce qu'il y a de vin et d'eau dans $\frac{3}{4}$ de litre de ce mélange ?

5 litres et 7 litres font 12 litres de mélange. Les 12 lit. de mélange renfermant 5 lit. de vin, un litre du mélange renfermera 12 fois moins de vin ou $\frac{5}{12}$ de lit. de vin. Les 12 lit. du mélange renfermant 7 lit. d'eau, un litre de mélange renfermera 12 fois moins d'eau ou $\frac{7}{12}$ de litre d'eau. En effet, $\frac{5}{12} + \frac{7}{12} = \frac{12}{12} =$ un litre.

Si un litre du mélange renferme $\frac{5}{12}$ de lit. de vin, $\frac{1}{4}$ de lit. de ce mélange renfermera 4 fois moins de vin ou $\frac{5}{12 \times 4}$, et $\frac{3}{4}$ de lit. du mélange renfermeront 3 fois plus de vin ou $\frac{5 \times 3}{12 \times 4} = \frac{15}{48}$ de litre de vin.

Si un litre du mélange renferme $\frac{7}{12}$ de lit. d'eau, $\frac{1}{4}$ de litre de ce mélange renfermera 4 fois moins d'eau ou $\frac{7}{12 \times 4}$, et $\frac{3}{4}$ de litre du mélange renfermeront 3 fois plus d'eau ou $\frac{7 \times 3}{12 \times 4} = \frac{21}{48}$ de lit. d'eau.

$\frac{3}{4}$ de lit. du mélange renferment donc $\frac{15}{48}$ de litre de vin et $\frac{21}{48}$ de lit. d'eau, car $\frac{15}{48} + \frac{21}{48} = \frac{36}{48}$, fraction qui revient à $\frac{3}{4}$ en divisant ses deux termes par 12, nombre total des litres du mélange.

Nota. Il est bon de remarquer que, dans les problèmes de cette nature, les deux termes de la fraction à laquelle on arrive comme résultat définitif, sont toujours divisibles par le nombre total, ou des litres du mélange, ou des kilog. de l'alliage, etc. Ainsi, les deux termes de la fraction 36/48 sont ici divisibles par 12 ; si le mélange eût été composé de 15 ou de 17 litres, les deux termes auraient dû être divisibles par 15 ou par 17.

144. Les $\frac{5}{6}$ des $\frac{8}{9}$ d'un nombre font 120, quel est ce nombre ?

Prenons d'abord les $\frac{5}{6}$ de $\frac{8}{9}$: le $\frac{1}{6}$ de $\frac{8}{9}$ est $\frac{8}{9 \times 6}$ et les $\frac{5}{6}$ seront 5 fois plus grands ou $\frac{8 \times 5}{9 \times 6} = \frac{40}{54} = \frac{20}{27}$. La question revient donc à celle-ci : les $\frac{20}{27}$ d'un nombre sont 120, quel est ce nombre ? Les $\frac{20}{27}$ étant 120, $\frac{1}{27}$ sera $\frac{120}{20}$, et les $\frac{27}{27}$ ou le nombre entier sera $\frac{120 \times 27}{20} = \frac{3240}{20} = 162$.

Vérification : les $\frac{8}{9}$ de 162 sont $\frac{162 \times 8}{9} = \frac{1296}{9} = 144$, et les $\frac{5}{6}$ de 144, c'est-à-dire les $\frac{5}{6}$ des $\frac{8}{9}$ de 162, sont $\frac{144 \times 5}{6} = \frac{720}{6} = 120$.

145. Une personne à qui l'on demande quelle heure il est, répond : Il est les $\frac{2}{3}$ des $\frac{3}{4}$ des $\frac{5}{6}$ de 24 heures ; quelle heure est-il ?

Prenons d'abord les $\frac{5}{6}$ de 24 : le $\frac{1}{6}$ de 24 heures est $\frac{24}{6}$, et les $\frac{5}{6}$ seront $\frac{24 \times 5}{6}$. Prenons maintenant les $_4$ des $\frac{5}{6}$ de 24 heures, c'est-à-dire prenons les $\frac{3}{4}$ de $\frac{24 \times 5}{6}$ le $\frac{1}{4}$ sera $\frac{24 \times 5}{6 \times 4}$, et les $\frac{3}{4}$ seront $\frac{24 \times 5 \times 3}{6 \times 4}$ Prenons enfin les $\frac{2}{3}$ des $\frac{3}{4}$ des $\frac{5}{6}$ de 24 heures, c'est-à-dire prenons les $\frac{2}{3}$ de $\frac{24 \times 5 \times 3}{6 \times 4}$; le $\frac{1}{3}$ sera $\frac{24 \times 5 \times 3}{6 \times 4 \times 3}$, et les $\frac{2}{3}$ seront $\frac{24 \times 5 \times 3 \times 2}{6 \times 4 \times 3}$. Cette expression fractionnaire étant simplifiée, revient à $2 \times 5 = 10$. Il est donc 10 heures.

146. Trois héritiers se partagent une succession : le premier en a les $\frac{3}{7}$, et le second a les $\frac{2}{3}$ de ce qui reste. Quelle partie de la succession chaque héritier reçoit-il?

Le premier héritier recevant les $\frac{3}{7}$ de la succession, il n'en reste plus que les $\frac{4}{7}$. Les $\frac{2}{5}$ de $\frac{4}{7}$ sont $\frac{4 \times 2}{7 \times 3} = \frac{8}{21}$, part du second héritier: Mais $\frac{3}{7}$ ou $\frac{9}{21} + \frac{8}{21}$ font $\frac{17}{21}$; le troisième héritier a donc les $\frac{4}{21}$ qui restent.

EXERCICES.

147. Multiplier 4/7 par 5.
Réponse. — 2 + 6/7.

148. Multiplier 0.375 par 4/5.
Rép. — 0,300.

149. Multiplier 5/6 par 8/9.
Rép. — 40/54 = 20/27.

150. Multiplier 7 + 3/4 par 6 + 2/5, d'abord en réduisant les entiers en fractions, puis en ne les réduisant pas.
Rép. — 49 + 12/20 = 3/5.

151. Sept pauvres ont reçu chacun 2 kilog. 3/4 de pain, quelle quantité de pain ont-ils reçue tous ensemble ?
Rép. — 19 kilog. 1/4.

152. Pour un franc, on a eu un litre 5/6 de vin ; combien en aura-t-on pour 7 fr. 30 c.?
Rép. — 13 lit. 3834 à millilitre près.

153. Le jour renfermant 24 heures, combien 4/7 de jour valent-ils d'heures?
Rép. — 13 heures 5/7.

154. Une montre avance de 7 secondes 1/2 dans un jour, de combien de secondes avance-t-elle dans 3/5 de jour?
— Rép. — 4 secondes 1/2.

155. Une machine fait 8 mètres de toile par jour, combien de mètres fera-t-elle en 3 jours 2/9 ?
Rép. 25 mètres + 7/9.

156. Une pièce de vin contenait 125 litres 40, on a vendu les 3/5 de la pièce, combien contient-elle encore de litres?
Rép. — 50 litres 16.

157. Un cheval fait 2 lieues 4/5 en une heure, combien de lieues fera-t-il en 3 heures 2/3?

Rép. — 10 lieues $+$ 4/15.

158. Une fontaine donne 4 litres 5/7 par minute, combien de litres donnera-t-elle en 9 minutes 1/2?

Rép. — 44 litres $+$ 11/14.

159. Un écolier écrit 9 lignes en 5 minutes, combien de lignes écrira-t-il en 25 minutes 3/4?

Rép. — 46 lignes $+$ 7/20.

160. Un écolier écrit 9 lignes en 5 minutes, quel temps mettra-il pour écrire 25 lignes 3/4.

Rép. — 14 minutes $+$ 11/36.

161. On allie 9 grammes d'or avec 2 grammes de cuivre, qu'y a-t-il d'or et de cuivre dans 3/5 de gr. de cet alliage?

Rép. — Il y a 27/55 de gr. d'or et 6/55 de gr. de cuivre.

162. Une personne dit qu'elle a dans sa bourse les 4/5 des 2/3 des 3/4 de 80 fr. : quelle somme cette personne a-t-elle?

Rép. — 32 francs.

163. Trois voleurs se partagent une somme d'argent qu'ils ont dérobée : le premier en prend les 2/5, et les deux autres prennent chacun la moitié de ce qui reste : quelle partie de la somme chaque voleur a-t-il prise?

Rép. — Le premier a pris les 2/5 de la somme, et chacun des autres 3/10.

DIVISION DES FRACTIONS (*).

164. Diviser $\frac{6}{7}$ par 5 ?

Diviser $\frac{6}{7}$ par 5, c'est rendre cette fraction 5 fois plus petite, ce qui se fait en multipliant son dénominateur par 5. On a $\frac{6}{35}$, fraction 5 fois plus petite que $\frac{6}{7}$, car il y a 6 parties dans chaque fraction, mais dans l'une, ces parties sont des septièmes, et dans l'autre des trente-cinquièmes, et des $\frac{1}{35}$ sont 5 fois plus petits que des $\frac{1}{7}$:

165. Diviser 3. 25 par $\frac{5}{6}$

* Nous donnerons encore ici une règle très-simple et applicable à presque tous les énoncés, pour reconnaître qu'un problème se rapporte à la division, soit des nombres décimaux, soit des fractions ordinaires :

Un problème se rapporte à la division, quand on *cherche* la valeur de l'unité, peu importe que l'on connaisse la valeur de plusieurs unités, ou seulement d'une partie d'unité.

Ex : 1° 15 lit. 75 de vin ont coûté 12 fr. 50, quel est le prix du litre ? — 2° En 4/5 de jour un ouvrier fait 12 m. d'un certain ouvrage : combien fait-il de mètres par jour?

Le premier problème se rapporte à la division, parce qu'on cherche le prix d'*un* litre ; et le second, parce qu'on cherche le nombre de mètres que l'ouvrier fait dans *un* jour.

Diviser 3. 25 par $\frac{5}{6}$, c'est chercher un quotient qui, multiplié par $\frac{5}{6}$ donne pour produit 3.25; mais multiplier ce quotient par $\frac{5}{6}$, ce sera en prendre les $\frac{5}{6}$, et si, en prenant les $\frac{5}{6}$ du quotient cherché, on doit trouver 3.25, c'est que 3.25 sont les $\frac{5}{6}$ de ce quotient.

On peut dire plus simplement : diviser 3.25 par $\frac{5}{6}$, c'est chercher un quotient dont les $\frac{5}{6}$ sont 3.25. Si 3.25 sont les $\frac{5}{6}$ du quotient, $\frac{1}{6}$ de ce quotient sera la $\frac{1}{5}$ partie de 3.25 ou $\frac{3.25}{5}$, et les $\frac{6}{6}$ du quotient ou le quotient lui-même sera 6 fois plus grand ou $\frac{3.25}{5}$ multipliés par 6 $= \frac{3.25 \times 6}{5} = \frac{19.50}{5} = 3{,}90.$

166. Diviser $\frac{3}{4}$ par $\frac{7}{8}$?

Diviser $\frac{3}{4}$ par $\frac{7}{8}$ c'est chercher un quotient qui, multiplié par $\frac{7}{8}$ donne pour produit $\frac{3}{4}$; mais multiplier ce quotient par $\frac{7}{8}$, ce sera en prendre les $\frac{7}{8}$, et si en prenant les $\frac{7}{8}$ du quotient cherché, on doit trouver $\frac{3}{4}$, c'est que $\frac{3}{4}$ sont les $\frac{7}{8}$ de ce quotient.

On dira plus simplement: diviser $\frac{3}{4}$ par $\frac{7}{8}$, c'est chercher un quotient dont les $\frac{7}{8}$ sont $\frac{3}{4}$. Si les $\frac{7}{8}$

du quotient cherché sont $\frac{3}{4}$, $\frac{1}{8}$ de ce quotient sera le $\frac{1}{7}$ de $\frac{3}{4}$ ou $\frac{3}{4\times 7}$, et les $\frac{8}{8}$ du quotient ou le quotient lui-même sera 8 fois plus grand ou $\frac{3}{4\times 7}$ multipliés par $8 = \frac{3\times 8}{4\times 7} = \frac{24}{28} = \frac{12}{14} = \frac{6}{7}$

Donc, pour diviser une fraction par une autre fraction, il faut multiplier la fraction dividende par la fraction diviseur renversée.

167. Diviser $5 + \frac{2}{3}$ par $3 + \frac{4}{5}$?

Diviser $5 + \frac{2}{3}$ par $3 + \frac{4}{5}$, c'est chercher un quotient qui, multip. par $3 + \frac{4}{5}$, reproduise $5 + \frac{2}{3}$. Réduisant de part et d'autre les entiers en fractions, on a à diviser $\frac{17}{3}$ par $\frac{19}{5}$, et l'on dit:

Diviser $\frac{17}{3}$ par $\frac{19}{5}$, c'est chercher un quotient dont les $\frac{19}{5}$ sont $\frac{17}{3}$. Si les $\frac{19}{5}$ du quotient cherché sont $\frac{17}{3}$, $\frac{1}{5}$ de ce quotient sera le $\frac{1}{19}$ de $\frac{17}{3}$ ou $\frac{17}{3\times 19}$, et les $\frac{5}{5}$ du quotient ou le quotient lui-même sera 5 fois plus grand, ou $\frac{17}{3\times 19}$ multipliés par $5 = \frac{17\times 5}{3\times 19} = \frac{85}{57} = 1 + \frac{28}{27}$.

168. Pourrait-on, de même que dans la multiplication, diviser $5 + \frac{2}{3}$ par $3 + \frac{4}{5}$, sans réduire les entiers en fractions?

Non, car si l'on divisait d'abord $5 + \frac{2}{3}$ par 3 seulement, divisant par un diviseur trop faible, le quotient serait trop fort. Si l'on divisait ensuite $5 + \frac{2}{3}$ par $\frac{4}{5}$ seulement, divisant encore par un diviseur trop faible, le quotient serait encore trop fort. Et comme, pour avoir le quotient total, il faudrait ajouter ces deux quotients partiels qui sont chacun trop forts, on obtiendrait un résultat qui serait plus du double du quotient véritable.

169. Quel est le nombre qui multiplié par $3 + \frac{3}{4}$ a donné pour produit 1?

Dire que le nombre cherché a été multiplié par $3 + \frac{3}{4}$ ou $\frac{15}{4}$, c'est dire qu'on a pris les $\frac{15}{4}$ de ce nombre, et puisqu'on a trouvé 1, c'est que 1 est les $\frac{15}{4}$ du nombre cherché. Les $\frac{15}{4}$ du nombre étant 1, $\frac{1}{4}$ de ce nombre sera le quinzième de 1 ou $\frac{1}{15}$, et les $\frac{4}{4}$ ou le nombre entier sera 4 fois plus grand ou $\frac{4}{15}$.

170. Les $\frac{7}{8}$ d'un mètre de drap ont coûté 15 fr. 60, combien coûte le mètre?

Si $\frac{7}{8}$ de mètre ont coûté 15 fr. 60, $\frac{1}{8}$ de mètre coûtera 7 fois moins, ou $\frac{15 \text{ fr. } 60}{7}$, et $\frac{8}{8}$ de mètre ou un mètre entier coûtera 8 fois plus, ou $\frac{15 \text{ fr. } 60 \times}{7}$

$$\frac{124 \text{ fr. } 80}{7} = 17 \text{ fr. } 82 \text{ à un centime près.}$$

171. Les $\frac{4}{9}$ du poids d'un ballot sont 25 kilogr. quel est le poids de ce ballot?

Si les $\frac{4}{9}$ du poids du ballot sont 25 kilog., $\frac{1}{9}$ de ce poids sera le $\frac{1}{4}$ de 25 kilogr. ou $\frac{25}{4}$ kilogr. et les $\frac{9}{9}$ du poids ou le poids total sera 9 fois plus grand ou $\frac{25 \times 9}{4} = \frac{225}{4} = 56$ kilogr. $\frac{1}{4}$.

172. Pour 5 fr. 30, on a eu 3 mèt. $\frac{5}{6}$ de ruban, combien en aura-t-on pour un franc?

Si je savais ce qu'on a eu de ruban pour un franc, en le multipliant par 5 fr. 30, je trouverais 3 mèt. $\frac{5}{6}$, ou $\frac{23}{6}$ de mèt. ; $\frac{23}{6}$ de mètre sont donc un produit, 5 fr. 30 sont un de ses facteurs ; pour avoir l'autre facteur, qui est la quantité de ruban qu'on aura pour un franc, je divise $\frac{23}{6}$ de mèt. par 5 fr. 30, ce qui donne $\frac{23}{6 \times 5.30} = 0$ mèt. 723 à un millimètre près.

173. 5 litres $\frac{3}{4}$ de vin ont coûté 4 fr. 20, quel est le prix du litre?

Je réduis 5 litres $\frac{3}{4}$ en fraction, ce qui me donne $\frac{23}{4}$ de litre.

Si $\frac{23}{4}$ de litre ont coûté 4 fr. 20, $\frac{1}{4}$ de litre coûtera 23 fois moins, ou $\frac{4\,\text{fr.}\,20}{23}$, et $\frac{4}{4}$ de litre ou un litre coûtera 4 fois plus, ou $\frac{4\,\text{fr.}\,20\times4}{23} = \frac{16\,\text{fr.}\,80}{23} =$ 0 fr. 73 à un centime près.

174. La malle-poste qui part ce soir à 6 heures de Paris, arrive demain à midi à Châteauroux ; à cette heure-là, une diligence partie en même temps que le courrier, n'aura fait que les $\frac{3}{4}$ de la route : à quelle heure arrivera-t-elle ?

De 6 heures du soir au lendemain à midi, il y a 18 heures. Ainsi, en 18 heures la diligence fera les $\frac{3}{4}$ de la route ; pour en faire le $\frac{1}{4}$, elle mettra 3 fois moins de temps ou 6 heures, et pour faire les $\frac{4}{4}$ ou la route entière, elle mettra 4 fois 6 heures, ou 24 heures. Elle arrivera donc demain à 6 heures du soir à Châteauroux.

175. En 8 heures, un tisserand fait 5 mèt. $\frac{2}{3}$ de toile, quel temps emploie-t-il pour faire un mètre ?

Réduisant les 5 mèt. $\frac{2}{3}$ en fraction, on trouve $\frac{17}{3}$ de mètre.

Si le tisserand met 8 heures pour faire $\frac{17}{3}$ de mèt., pour faire $\frac{1}{3}$ de mèt., il mettra 17 fois moins de temps ou $\frac{8}{17}$ d'heure, et pour faire $\frac{3}{3}$ de mètre ou un mètre, il mettra trois fois plus de temps ou $\frac{8 \times 3}{17}$ $= \frac{24}{17} = 1$ heure $+ \frac{7}{17}$.

176. Un vaisseau fait 9 lieues $\frac{4}{5}$ en 3 heures $\frac{2}{3}$, combien fait-il de lieues par heure ?

Réduisant les entiers en fraction, on trouve $\frac{49}{5}$ de lieue et $\frac{11}{3}$ d'heure.

Si le vaisseau fait $\frac{49}{5}$ de lieue en $\frac{11}{3}$ d'heure, dans $\frac{1}{3}$ d'heure, il fera 11 fois moins de lieues ou $\frac{49}{5 \times 11}$, et dans $\frac{3}{3}$ d'heure ou une heure, il fera 3 fois plus de lieues ou $\frac{49 \times 3}{5 \times 11} = \frac{147}{55} = 2$ lieues $+ \frac{37}{55}$.

177. Un vaisseau fait 9 lieues $\frac{4}{5}$ en 3 heures $\frac{2}{3}$, quel temps emploie-t-il pour faire une lieue ?

Réduisant les entiers en fraction, on trouve $\frac{49}{5}$ de lieue et $\frac{11}{3}$ d'heure.

Si le vaisseau a mis $\frac{11}{3}$ d'heure pour faire $\frac{49}{5}$ de lieue, pour faire $\frac{1}{5}$ de lieue, il mettra 49 fois moins de temps ou $\frac{11}{3 \times 49}$, et pour faire $\frac{5}{5}$ de lieue ou une lieue, il mettra 5 fois plus de temps ou $\frac{11 \times 5}{3 \times 49} = \frac{55}{147}$ d'heure ou 22 minutes $+ \frac{66}{147}$.

Nota. Ce problème et le précédent renferment les mêmes nombres dans leur énoncé et fournissent, comme on le voit, deux résultats tout à fait différents. Cela dépend de la manière dont la question est posée, et c'est à quoi il faut faire attention, afin de ne pas se tromper sur le raisonnement qu'on doit appliquer.

178. On échange 3 kilog. $\frac{1}{2}$ de chocolat contre 8 lit. $\frac{2}{5}$ de vin. Le chocolatier veut savoir ce qu'il a eu de vin pour un kilog. de son chocolat ; et le marchand de vin, ce qu'il a eu de chocolat pour un litre de son vin ?

Réduisons de part et d'autre les entiers en fractions, nous aurons $\frac{7}{2}$ kilog. et $\frac{42}{5}$ de litre.

1° Si le chocolatier a eu $\frac{42}{5}$ de lit. pour $\frac{7}{2}$ kilog., pour $\frac{1}{2}$ kilog. il a eu 7 fois moins de litres ou $\frac{42}{5 \times 7}$, et pour $\frac{2}{2}$ kilog. ou un kilog. de son chocolat, il a eu 2 fois plus de vin ou $\frac{42 \times 2}{5 \times 7} = \frac{84}{35} = 2$ litres $+ \frac{14}{35}$ ou $\frac{2}{5}$ de vin.

2° Si le marchand de vin a eu $\frac{7}{2}$ kilog. pour $\frac{42}{5}$ de litre, pour $\frac{1}{5}$ de litre il a eu 42 fois moins de chocolat ou $\frac{7}{2 \times 42}$, et pour $\frac{5}{5}$ de litre ou un litre de vin, il a eu 5 fois plus de chocolat ou $\frac{7 \times 5}{2 \times 42} = \frac{35}{84} = \frac{5}{12}$ de kilog. de chocolat.

179. Pendant qu'une locomotive parcourt une

route entière, une diligence n'en parcourrait que les $\frac{2}{11}$: combien la locomotive va-t-elle de fois plus vite que la diligence?

La locomotive faisant les $\frac{11}{11}$ de la route pendant que la diligence n'en fait que les $\frac{2}{11}$, pour répondre à la question, il faut chercher combien de fois $\frac{11}{11}$ contiennent $\frac{2}{11}$, c'est-à-dire diviser $\frac{11}{11}$ par $\frac{2}{11}$, ce qui donne $\frac{11 \times 11}{11 \times 2} = \frac{11}{2} = 5 + \frac{1}{2}$. La locomotive va 5 fois $\frac{1}{2}$ plus vite que la diligence.

180. Une vis avance de $\frac{5}{6}$ de millimètre à chaque tour qu'elle fait; combien devra-t-elle faire de tours pour avancer de 4 millimètres?

Il est évident qu'autant de fois 4 millim. contiendront $\frac{5}{6}$ de millim., autant de tours la vis devra faire; il faut donc diviser 4 millimètres par $\frac{5}{6}$ de millim. On dira : Si la vis avance de $\frac{5}{6}$ de millim. dans un tour, pour avancer de $\frac{1}{6}$ de millim. elle fera $\frac{1}{5}$ de tour, pour avancer de $\frac{6}{6}$ de millim., ou d'un millimètre entier, elle fera 6 fois plus de tours ou $\frac{6}{5}$ de tour, et pour avancer de 4 millim. elle fera encore 4 fois plus de tours ou $\frac{6 \times 4}{5} = \frac{24}{5}$ $= 4$ tours $+ \frac{4}{5}$.

181. Un rouet prend 1 mèt. $\frac{1}{8}$ de fil à chaque tour qu'il fait; combien devra-t-il faire de tours pour s'enrouler d'un fil long de 45 mèt. $\frac{2}{3}$?

Il est clair qu'autant de fois 45 mèt. $\frac{2}{3}$, longueur du fil, contiendront 1 mèt. $\frac{1}{8}$, contour du rouet, autant de tours le rouet devra faire. Il faut donc diviser 45 mèt. $\frac{2}{3}$ ou $\frac{137}{3}$ de mètre par 1 m. $\frac{1}{8}$ ou $\frac{9}{8}$ de mètre, et dire : Si le rouet prend $\frac{9}{8}$ de mèt. de fil dans un tour, pour prendre $\frac{1}{8}$ de mèt., il fera $\frac{1}{9}$ de tour, et pour prendre $\frac{8}{8}$ de mèt. ou un mètre, il fera 8 fois plus de tours ou $\frac{8}{9}$ de tour. Si le rouet fait $\frac{8}{9}$ de tour pour s'enrouler d'un mètre de fil, pour s'enrouler de $\frac{1}{3}$ de mèt., il fera 3 fois moins de tours ou $\frac{8}{9\times3}$, et pour s'enrouler de $\frac{137}{3}$ de mèt. ou du fil entier, il fera 137 fois plus de tours ou $\frac{8\times137}{9\times3} = \frac{1096}{27} = 40$ tours $+ \frac{16}{27}$.

182. Un omnibus met $\frac{1}{2}$ heure pour aller à sa destination, il stationne $\frac{1}{5}$ d'heure , et met $\frac{1}{3}$ d'heure pour revenir à son point de départ. En admettant qu'un voyage se compose de l'allée, de la station et du retour, combien cet omnibus fera-t-il

de voyages depuis 7 h. $\frac{1}{2}$ du matin jusqu'à 10 h. du soir?

Ajoutons $\frac{1}{2} + \frac{1}{5} + \frac{1}{3}$, ce qui donne $\frac{31}{30}$ d'heure, temps nécessaire pour faire un voyage. Depuis 7 h. $\frac{1}{2}$ du matin jusqu'à 10 h. du soir, il y a 14 h. $\frac{1}{2}$ ou $\frac{29}{2}$ heures. Il est évident qu'autant de fois $\frac{29}{2}$ contiendront $\frac{31}{30}$ d'h., autant l'omnibus doit faire de voyages : divisons donc $\frac{29}{2}$ heures par $\frac{30}{31}$ d'heure ; et disons :

Si l'omnibus fait un voyage en $\frac{31}{30}$ d'heure, en $\frac{1}{30}$ d'heure il fera $\frac{1}{31}$ de voyage, et dans $\frac{30}{30}$ d'heure ou une heure, il fera $\frac{30}{31}$ de voyage. Si dans une heure l'omnibus fait $\frac{30}{31}$ de voyage, dans $\frac{1}{2}$ heure, il fera 2 fois moins de chemin, ou $\frac{30}{31 \times 2}$, et dans $\frac{29}{2}$ h. il fera 29 fois plus de voyages ou $\frac{30 \times 29}{31 \times 2} = \frac{870}{62} = 14$ voyages $+ \frac{2}{62}$ ou $\frac{1}{31}$, soit 14 voyages.

183. Un voyageur ayant manqué la diligence, celle-ci a déjà 9 lieues $\frac{2}{3}$ d'avance sur lui. Il prend alors un cabriolet qui fait trois lieues à l'heure, tandis que la diligence ne fait qu'une lieue $\frac{3}{4}$: dans combien de temps l'aura-t-il rejointe?

Retranchant 1 lieue $\frac{3}{4}$ de 3 lieues, nous trouvons que le cabriolet gagne par heure 1 lieue $\frac{1}{4}$ ou $\frac{5}{4}$ de lieue sur la diligence. Comme il doit gagner sur elle 9 lieues $\frac{2}{3}$ ou $\frac{29}{3}$ de lieue, autant de fois $\frac{29}{3}$ de lieue contiendront $\frac{5}{4}$ de lieue, autant d'heures le cabriolet mettra à rejoindre la diligence. Divisons donc $\frac{29}{3}$ de lieue par $\frac{5}{4}$ de lieue, et disons :

Si le cabriolet gagne $\frac{5}{4}$ de lieue par heure sur la diligence, pour gagner $\frac{1}{4}$ de lieue, il mettra $\frac{1}{5}$ d'h., et pour gagner $\frac{4}{4}$ de lieue ou une lieue, il mettra $\frac{4}{5}$ d'heure. Si, pour gagner une lieue, le cabriolet met $\frac{4}{5}$ d'heure, pour gagner $\frac{1}{3}$ de lieue il mettra 3 fois moins de temps, ou $\frac{4}{5\times3}$, et pour gagner $\frac{29}{3}$ de l., il mettra 29 fois plus de temps, ou $\frac{4\times29}{5\times3} = \frac{116}{15} = 7$ h. $+ \frac{11}{15}$, ou 7 heures, 44 minutes.

184. Deux villes sont éloignées de 9 lieues $\frac{2}{3}$. Deux voitures partent, une de chaque ville, allant à la rencontre l'une de l'autre ; la première voiture fait 3 lieues par heure, et la seconde, une lieue $\frac{3}{4}$: dans combien de temps la rencontre aura-t-elle lieu ?

Ajoutons 3 lieues et 1 lieue $\frac{3}{4}$, ce qui donne 4 l.

$\frac{3}{4}$. La distance qui sépare les deux voitures diminue donc à chaque heure de 4 lieues $\frac{3}{4}$, et comme cette distance doit diminuer de 9 lieues $\frac{2}{3}$ pour que la rencontre ait lieu, autant de fois 9 lieues $\frac{2}{3}$ contiendront 4 lieues $\frac{3}{4}$, autant d'heures les deux voitures mettront à se rencontrer. Divisons donc 9 l. $\frac{2}{3}$ ou $\frac{29}{3}$ par 4 lieues $\frac{3}{4}$ ou $\frac{19}{4}$, et disons :

Les deux voitures faisant $\frac{19}{4}$ de lieue en une h., pour faire $\frac{1}{4}$ de lieue, elles mettront $\frac{1}{19}$ d'heure, et pour faire $\frac{4}{4}$ de lieue, ou une lieue elles mettront $\frac{19}{4}$ d'heure. Si elles font ensemble une lieue en $\frac{4}{19}$ d'h., pour faire $\frac{1}{3}$ de lieue, elles mettront 3 fois moins de temps ou $\frac{4}{19 \times 3}$, et pour faire $\frac{29}{3}$ de lieue, elles mettront 29 fois plus de temps, où $\frac{4 \times 29}{19 \times 3} = \frac{116}{57} = 2$ h. $+ \frac{2}{57}$, ou 2 heures, 2 minutes $+ \frac{6}{57}$.

185. Deux voitures faisant l'une 3 lieues, l'autre une lieue $\frac{3}{4}$ par h. partent ensemble d'une même ville, pour se rendre à la ville voisine éloignée de 9 l. $\frac{2}{3}$. Combien d'heures la première voiture arrivera-t-elle avant la seconde ?

Cherchons quel temps chaque voiture met à parcourir la route qui est de 9 lieues $\frac{2}{3}$ ou $\frac{29}{3}$ de lieue.

La première voiture faisant 3 lieues par heure, pour faire une lieue mettra $\frac{1}{3}$ d'heure, pour faire $\frac{1}{3}$ de lieue, mettra encore 3 fois moins de temps ou $\frac{1}{3\times 3}$, et pour faire $\frac{29}{3}$ de lieue ou la route entière, mettra 29 fois plus de temps, ou $\frac{1\times 29}{3\times 3} = \frac{29}{9} =$ 3 heures $+\frac{2}{9}$.

La seconde voiture faisant 1 lieue $\frac{3}{4}$ ou $\frac{7}{4}$ de l. en une heure, pour faire $\frac{1}{4}$ de lieue, elle mettra $\frac{1}{7}$ d'heure, et pour faire $\frac{4}{4}$ de lieue ou une lieue, elle mettra $\frac{4}{7}$ d'heure. Si elle met $\frac{4}{7}$ d'heure pour faire une lieue, pour faire $\frac{1}{3}$ de lieue elle mettra trois fois moins de temps ou $\frac{4}{7\times 3}$, et pour faire $\frac{29}{3}$ de lieue ou la route entière, elle mettra 29 fois plus de temps ou $\frac{4\times 29}{7\times 3} = \frac{116}{21} = 5$ heures $+\frac{11}{21}$.

Ainsi la première voiture ne mettant que 3 heures $\frac{2}{9}$, et la seconde mettant 5 heures $\frac{11}{21}$, retranchons 3 heures $+\frac{2}{9}$ de 5 heures $+\frac{11}{29}$, et nous trouverons que la première voiture arrive 2 heures $+\frac{57}{189}$, ou 2 heures, 18 minutes $+\frac{18}{189} = \frac{2}{21}$ avant la seconde.

Nota. Voilà encore trois problèmes posés avec les mêmes nombres ; mais la différence des énoncés explique la différence des résultats.

186. Pour tapisser les murs d'un salon, il faut 8 rouleaux $\frac{1}{2}$ de papier, les rouleaux ayant $\frac{2}{3}$ de mètre de large ; combien faudrait-il de rouleaux s'ils n'avaient que $\frac{4}{9}$ de mètre de large ?

S'il a fallu 8 rouleaux $\frac{1}{2}$ ou $\frac{17}{2}$ rouleaux, le papier ayant $\frac{2}{3}$ de large, s'il n'avait que $\frac{1}{3}$ de large, il en faudrait 2 fois plus, ou $\frac{17 \times 2}{2}$, et s'il avait $\frac{3}{3}$ ou un mètre de large, il en faudrait 3 fois moins ou $\frac{17 \times 2}{2 \times 3}$.

Si le papier ayant 1 mètre de large, il en faut $\frac{17 \times 2}{2 \times 3}$, s'il n'avait que $\frac{1}{9}$ de large, il en faudrait 9 fois plus ou $\frac{17 \times 2 \times 9}{2 \times 3}$, et s'il a $\frac{4}{9}$ de large, il en faudra 4 fois moins, ou $\frac{17 \times 2 \times 9}{2 \times 3 \times 4}$, expression qui, étant simplifiée, revient à $\frac{17 \times 3}{4} = \frac{51}{4} = 12$ rouleaux $+ \frac{3}{4}$.

EXERCICES.

187. Diviser 3/4 par 7.
Réponse — 3/28.

188. Diviser 4.68 par 6/7.
Rép. — 5.46.

189. Diviser 8/9 par 4/5.
Rép. — 1 + 4/36 = 1/9.

190. Diviser 5 + 5/4 par 8 + 2/7.

Rép. — 161/232.

191. Quel est le nombre qui, multiplié par 6 + 2/3, a donné pour produit 1 ?

Rép. — 3/20.

192. Les 5/6 de la longueur d'un champ sont de 95 mètres, quelle est la longueur de ce champ ?

Rép. 114 mètres.

193. 3 mètres 2/3 de toile ont coûté 7 fr. 50, quel est le prix du mètre ?

Rép. — 2 fr. 05.

194. On a reçu 5 kil. 3/7 de pain en échange de 7 lit. 45 de vin ; combien a-t-on reçu de pain pour 1 litre de vin ?

Rép. — 0 kil. 728 à un gramme près.

195. En 5 minutes, une source donne 8 litres 3/4 d'eau, quel temps emploie-t-elle pour donner un litre ?

Rép. 4/7 de minute.

196. Un tisserand a fait 9 mètres 2/5 de toile en 2 jours 5/6 : combien a-t-il fait de mètres par jour ?

Rép. — 282/85 de m. = 3 m. + 27/85.

197. Un tisserand a fait 9 mèt. 2/5 de toile en 2 jours 5/6 : quel temps a-t-il employé pour faire un mètre ?

Rép. — 85/282 de jour.

198. Un écolier écrit 5 pages 3/4 dans 2 heures 1/3, combien fait-il de pages par heure ?

Rép. — 69/28 de page = 2 pages 13/28.

199. Un écolier écrit 5 pages 3/4 dans 2 heures 1/3, quel temps met-il pour faire une page ?

Rép. — 28/69 d'heure, ou 24 minutes + 24/69.

200. Le convoi du chemin de fer, parti de Paris à midi, arrive à Rouen à 4 heures du soir ; à cette heure là , une diligence partie de Paris en même temps que le convoi, n'a fait que les 2/7 de la route : à quelle heure arrivera-t-elle à Rouen?

Rép. — Le lendemain à 2 heures du matin.

201. 7 mètres 1/2 de casimir ont été échangés contre **6** stères 3/5 de bois ; le marchand de drap veut savoir ce qu'il a eu de bois pour un mètre de casimir, et le marchand de bois, ce qu'il a eu de casimir pour un stère de bois ?

Rép. — 1° 66/75 = 22/25 de stère ; 2° 75/66 = 25/22 = 1 mètre + 3/22 de casimir.

202. Pendant qu'un cavalier parcourt les 8/9 d'une route, un piéton n'en parcourt que les 4/15 : combien le cavalier va-t-il de fois plus vite que le piéton ?

Rép. — 3 fois 1/3.

203. Une plante croît de 2 millimètres 2/5 par jour, quel temps mettra-t-elle pour croître de 78 millim. 5/6 ?

Rép. — 32 jours + 61/72.

204. Deux courriers, dont l'un fait 2 lieues 3/4 par heure, et l'autre 3 lieues 1/7, partent en même temps des deux extrémités d'une route longue de 15 lieues 2/3, et vont à la rencontre l'un de l'autre : Dans combien de temps se rencontreront-ils ?

Rép. Dans 2 h. + 326/495, ou 2 h. 39 m. + 255/495.

205. Pour doubler un vêtement, il a fallu 13 mètres 2/3 de vieille soie, cette étoffe ayant 3/4 de large ; si l'on avait employé de la toile ayant 4/5 de large, combien en aurait-il fallu de mètres ?

Rép. — 12 mèt. + 13/16.

RÈGLE DE TROIS SIMPLE.

206. 15 ouvriers ont fait 45 mètres de toile en un certain temps, combien 63 ouvriers feront-ils de mètres dans le même temps ?

Solution par le raisonnement. — Si 15 ouvriers ont fait 45 mètres, un ouvrier en fera 15 fois moins, ou $\frac{45}{15}$, et 63 ouvriers en feront 63 fois plus, ou $\frac{45 \times 63}{15} = 189$ mètres.

Solution par les proportions. Écrivons l'énoncé du problème sur deux lignes :

$$15 \text{ ouv.} \longrightarrow 45 \text{ mèt.}$$
$$63 \text{ ouv.} \longrightarrow x$$

Comparant le second nombre d'ouvriers au premier, nous dirons : *plus* il y aura d'ouvriers, *plus* ils feront de mètres ; la règle est donc directe, et nous donne :

$$15 : 63 :: 45 : x$$

D'où nous tirons : $x = \frac{63 \times 45}{15} = 189$ mètres.

207. En 6 jours $\frac{2}{3}$ un ouvrier a fait 25 mèt. 75

de maçonnerie; combien en fera-t-il en 8 jours $\frac{4}{5}$?

Solution par le raisonnement. Si l'ouvrier a fait 25 mèt. 75 en 6 jours $\frac{2}{3}$ ou $\frac{20}{3}$ de jour, en $\frac{1}{3}$ de jour il fera 20 fois moins d'ouvrage, ou $\frac{25 \text{ mèt. } 75}{20}$, et en $\frac{3}{3}$ de jour ou un jour, il fera 3 fois plus de mètres, ou $\frac{24 \text{ m. } 75 \times 3}{20}$. Si dans un jour l'ouvrier fait $\frac{25.75 \times 3}{20}$, en $\frac{1}{5}$ de jour il en fera 5 fois moins, ou $\frac{25.75 \times 3}{20 \times 5}$, et dans 8 jours $\frac{4}{5}$ ou $\frac{44}{5}$ de jour, il en fera 44 fois plus, ou $\frac{25.75 \times 3 \times 44}{20 \times 5} = 33$ mèt. 99.

Solution par les proportions. Posant le problème sur deux lignes, on a :

$$6 \text{ j. } \frac{2}{3} \text{ ou } \frac{20}{3} \text{ j. } - 25 \text{ mèt. } 75$$
$$8 \text{ j. } \frac{4}{5} \text{ ou } \frac{44}{5} \text{ j. } - \quad x$$

Comparant le second nombre de jours au premier, nous dirons : *plus* l'ouvrier travaillera longtemps, *plus* il fera de mètres; la règle est donc directe et donne :

$$\frac{20}{3} : \frac{44}{5} :: 25 \text{ m. } 75 : x$$

D'où l'on tire : $x = \frac{25 \text{ m. } 75 \times 44 \times 3}{5 \times 20}$, résultat semblable à celui qui a été obtenu par le raisonnement.

208. 28 ouvriers ont mis 15 jours pour faire un

certain ouvrage ; combien 35 ouvriers auraient-ils mis de temps pour faire le même ouvrage ?

Solution par le raisonnement. — Si 28 ouvriers ont mis 15 jours, un seul ouvrier aurait mis 28 fois plus de temps ou 15×28, et 35 ouvriers auraient mis 35 fois moins de temps qu'un seul, ou $\frac{15 \times 28}{35} =$ 12 jours.

Solution par les proportions. — Écrivons l'énoncé du problème sur deux lignes :

$$28 \text{ ouv.} — 15 \text{ j.}$$
$$35 \text{ ouv.} — x.$$

Comparant le second nombre d'ouvriers au premier, nous dirons : *plus* il y a d'ouvriers, *moins* ils mettront de jours ; la règle est donc inverse et donne :

$$35 : 28 :: 15 : x$$

D'où l'on tire $x = \frac{28 \times 15}{35} = 12$ jours.

209. Pour fermer un enclos, on avait calculé qu'il fallait 540 planches de 2 décimètres $\frac{1}{4}$ de large ; le menuisier n'ayant que des planches de 1 décimètre $\frac{7}{8}$, combien en faudra-t-il ?

Solution par le raisonnement. — S'il faut 540 planches, celles-ci ayant 2 décim. $\frac{1}{4}$ ou $\frac{9}{4}$ de décim. de large, si elles n'avaient que $\frac{1}{4}$ de large, il en faudrait 9 fois plus, ou 540×9, et si elles avaient $\frac{4}{4}$ ou un décim. de large, il en faudrait 4 fois moins ou $\frac{540 \times 9}{4}$. Si les planches ayant un décim. de large, il en faut $\frac{540 \times 9}{4}$; si elles n'avaient que $\frac{1}{8}$ de large, il en faudrait 8 fois plus, ou $\frac{540 \times 9 \times 8}{4}$, et puisqu'elles ont 1 décim. $\frac{7}{8}$ ou $\frac{15}{8}$ de décim. de large, il en faudra 15 fois moins, ou $\frac{540 \times 9 \times 8}{4 \times 15} =$ 648 planches.

Solution par les proportions. — Posant le problème sur deux lignes, on écrira :

$$540 \text{ pl.} - 2 \text{ d.} \tfrac{1}{4} \text{ ou } \tfrac{9}{4} \text{ d.}$$
$$x \qquad - 1 \text{ d.} \tfrac{7}{8} \text{ ou } \tfrac{15}{8} \text{ d.}$$

Comparant le second nombre de décimètres au premier, nous dirons : *moins* les planches sont larges, *plus* il en faudra ; la règle est inverse et donne :

$$\frac{15}{8} : \frac{9}{4} :: 540 : x$$

D'où l'on tire : $x = \dfrac{540 \times 9 \times 8}{4 \times 15} = 648$ planches.

NOTA. Le dernier problème que nous avons donné sur la division des fractions, n'est autre chose qu'une règle de trois, et peut, comme celui-ci, se résoudre par les proportions.

210. Il a fallu 13 chariots pour transporter 2600 bottes de foin , combien faudra-t-il de chariots pour transporter 4800 bottes de foin?

Réponse. — 24 chariots.

211. Si 12 ouvriers ont mis 8 jours pour faire un ouvrage, combien 15 ouvriers auraient-ils mis de temps ?

Rép. — 6 jours 2/5.

212. Une troupe d'ouvriers a mis 16 jours pour faire un ouvrage, en travaillant 8 h. 3/4 par jour; si elle avait travaillé 9 h. 1/3 par jour, combien aurait-elle mis de jours ?

Rép. — 15 jours.

RÈGLE DE TROIS COMPOSÉE.

213. 15 ouvriers travaillant 8 heures par jour, ont fait en 6 jours 460 mètres d'ouvrage. Combien 20 ouvriers, travaillant 9 heures par jour, feront-ils de mètres en 5 jours.

Posant le problème sur deux lignes, on écrira :

$$15 \text{ ouv.}-8 \text{ h.}-6 \text{ j.}-460 \text{ m.}$$
$$20 - 9 \ - 5 \ - x$$

Solution par le raisonnement.—Ne perdant jamais de vue que ce sont des mètres que nous cherchons, nous dirons :

Si 15 ouvriers ont fait 460 m., un ouvrier en fera 15 fois moins, ou $\frac{460}{15}$ m, et 20 ouvriers en feront 20 fois plus, ou $\frac{460 \times 20}{15}$. Si les ouvriers travaillant 8 heures par jour, ont fait $\frac{460 \times 20}{15}$, s'ils n'eussent travaillé qu'une heure, ils auraient fait 8 fois moins de mètres, ou $\frac{460 \times 20}{15 \times 8}$, et s'ils travaillent 9 heures, ils en feront 9 fois plus, ou $\frac{460 \times 20 \times 9}{15 \times 8}$. Si les ouvriers ont fait en 6 jours la fraction précédente du mètre, en un jour ils en auraient fait 6 fois moins, ou $\frac{460 \times 20 \times 9}{15 \times 8 \times 6}$, et en 5 jours ils en feront 5 fois plus, ou $\frac{460 \times 20 \times 9 \times 5}{15 \times 8 \times 6} = 575$ mètres.

Solution par les proportions. — Ne considérant d'abord que les deux nombres d'ouvriers, et comparant le second au premier, nous dirons, en rapportant tout aux mètres que nous cherchons : *Plus il y a d'ouvriers, plus ils feront de mètres* ; la règle est directe et donne :

$$15 : 20 :: 460 : x \qquad (1)$$

Supposant x connu, et représentant par x' le nombre de mètres correspondant aux heures de travail, nous dirons en comparant le second nombre d'heures au premier : *plus les ouvriers travailleront d'heures, plus ils feront de mètres* ; règle directe qui donne :

$$8 : 9 :: x : x' \qquad (2)$$

Comparant enfin le second nombre de jours au premier, nous dirons : *Moins les ouvriers travaille-*

ront de jours, *moins* ils feront de mètres ; la règle est directe, et représentant par X le nombre de jours définitif, nous avons :

$$6 : 5 :: x' : X \qquad (3)$$

Multipliant terme à terme les trois proportions qui précèdent, nous aurons :

$$15 \times 8 \times 6 : 20 \times 9 \times 5 :: 460 \times x \times x' : x \times x' \times X$$

Supprimant x et x' qui figurent dans le dernier rapport à l'antécédent et au conséquent, il reste :

$$15 \times 8 \times 6 : 20 \times 9 \times 5 :: 460 : X$$

D'où l'on tire : $X = \dfrac{460 \times 20 \times 9 \times 5}{15 \times 8 \times 6} = 575$ mètres.

214. 5 métiers , ayant chacun 30 bobines et travaillant 6 h. $\frac{1}{4}$ par jour, ont filé en 7 jours 8,460 m. de laines. Combien faudra-t-il de jours à 6 métiers, ayant chacun 24 bobines et travaillant 4 h. $\frac{2}{3}$ par jour, pour filer 12,600 m. de laine?

Ecrivons l'énoncé du problème sur deux lignes :

5 mét.—30 bob.—6 h. $\frac{1}{4}$,—7 j.—8460 m.

6 — 24 — 4 $\frac{2}{3}$,—x—12600

Solution par le raisonnement. — Rapportant tout aux jours qui sont inconnus, nous dirons : 5 métiers ayant mis 7 jours, un métier mettrait 5 fois plus de temps, et 6 métiers mettront 6 fois moins de temps ou $\frac{7\times5}{6}$. Si les métiers n'avaient eu qu'une bobine au lieu de 30, ils auraient mis 30 fois plus de temps ou $\frac{7\times5\times30}{6}$, et avec 24 bobines, ils mettront 24 fois moins de temps ou $\frac{7\times5\times30}{6\times24}$. Si les métiers, au lieu de travailler 6 h. $\frac{1}{4}$ ou $\frac{25}{4}$ d'heure par jour, n'avaient travaillé que $\frac{1}{4}$ d'heure, ils auraient mis 25 fois plus de temps ou $\frac{7\times5\times30\times25}{6\times24}$, et en travaillant $\frac{4}{4}$ d'heure ou une heure, ils auraient mis 4 fois moins de temps ou $\frac{7\times5\times30\times25}{6\times24\times4}$; si, ensuite, ils ne travaillent que $\frac{1}{3}$ d'heure, ils mettront 3 fois plus de temps ou $\frac{7\times5\times30\times25\times3}{6\times24\times4}$, et puisqu'ils travaillent 4 h. $\frac{2}{3}$ ou $\frac{14}{3}$ d'heure, ils mettront 14 fois moins de temps ou $\frac{7\times5\times30\times25\times3}{6\times24\times4\times14}$. Enfin, si les métiers, au lieu de 8460 m., n'en avaient eu qu'un à faire, ils auraient mis 8460 fois moins de temps ou $\frac{7\times5\times30\times25\times3}{6\times24\times4\times14\times8460}$, et puisqu'ils ont 12600 m. à filer, ils mettront 12600 fois plus de temps ou $\frac{7\times5\times30\times25\times3\times12600}{6\times24\times4\times14\times8460}$, expression qui, étant simplifiée, revient à $\frac{5\times5\times25\times35}{2\times8\times94} = 14$ jours $+ \frac{819}{1504}$.

Solution par les proportions. — Ayant toujours en vue les jours que nous cherchons, nous dirons

1° *Plus* il y a de métiers, *moins* ils mettront de jours ; règle inverse qui donne :

$$6 : 5 :: 7 : x \qquad (1)$$

2° *Moins* les métiers ont de bobines, *plus* ils mettront de jours ; règle inverse qui donne :

$$24 : 30 :: x : x' \qquad (2)$$

3° *Moins* les métiers travailleront d'heures par jour, *plus* ils mettront de jours ; règle inverse qui donne :

$$4 \text{ h. } \frac{2}{3} \text{ ou } \frac{14}{3} : 6 \text{ h. } \frac{1}{4} \text{ ou } \frac{25}{4} :: x' : x'' \qquad (3)$$

4° *Plus* les métiers auront de mètres à filer, *plus* ils mettront de jours ; règle directe qui donne :

$$8460 : 12600 :: x'' : X \qquad (4)$$

Multipliant ces quatre proportions terme à terme, et supprimant x, x' et x'' qui se trouvent à l'antécédent et au conséquent, on a :

$$6 \times 24 \times \frac{14}{3} \times 8460 : 5 \times 30 \times \frac{25}{4} \times 12600 :: 7 : X$$

D'où l'on tire : $X = \dfrac{7 \times 5 \times 30 \times 25 \times 12600 \times 3}{4 \times 6 \times 24 \times 14 \times 8460} =$ 14 jours $+ \frac{819}{1504}$.

EXERCICES.

215. 7 métiers, travaillant 6 heures par jour, ont mis 8 jours pour tisser 1860 mètres de toile. Combien 5 métiers semblables aux premiers, et travaillant 8 heures par jour, tisseront-ils de mètres en 7 jours ?

Réponse. — 1550 mètres.

216. 75 ouvriers, travaillant 5 h. 3/4 par jour, ont mis 6 jours 1/2 pour creuser un fossé de 92 mètres de long sur 2 mèt. de large et 3 mèt. de profondeur. Combien 150 ouvriers, travaillant 8 h. 2/3 par jour, mettront-ils de jours pour creuser un fossé de 120 mèt. de long, sur 3 mèt. de large et 4 mèt. de profondeur ?

Rép. — 5 jours 5/8.

QUESTIONS SUR LES INTÉRÊTS SIMPLES.

217. Quel intérêt rapporteront 5840 fr. placés pendant 7 ans à 5 p. 0/0 ?

Cet énoncé revient à celui-ci : 100 fr. rapportent 5 fr. en un an, combien 5840 fr. rapporteront-ils en 7 ans ?

Si 100 fr. rapportent 5 fr. dans un an, un franc rapportera 100 fois moins, ou $\frac{5}{100}$, et 5840 fr. rapporteront 5840 fois plus, ou $\frac{5 \times 5840}{100}$, et dans 7 ans, ils rapporteront encore 7 fois plus, ou $\frac{5 \times 5840 \times 7}{100} = 2044$ fr.

On pourra s'exercer à résoudre ce problème par les proportions, en le considérant comme une règle de trois composée, ce qui n'offrira aucune difficulté.

218. Quel intérêt rapporteront 45,000 fr., placés pendant 7 ans 3 mois, à $5\frac{1}{4}$ p. 0/0.

Cet énoncé revient à celui-ci : 100 fr. rapportent 5 fr. 25 en 12 mois, combien 45000 fr. rapporteront-ils en 7 ans 3 mois, ou 87 mois ?

Si 100 fr. rapportent 5 fr. 25, un franc rapporterait 100 fois moins, ou $\frac{5.25}{100}$, et 45000 fr. rapporteront 4500 fois plus, ou $\frac{5.25 \times 45000}{100}$. Mais cet intérêt étant celui d'un an, l'intérêt d'un mois serait 12 fois moindre, ou $\frac{5.25 \times 45000}{100 \times 12}$, et celui de 87 mois sera 87 fois plus fort, ou $\frac{5.25 \times 45000 \times 87}{100 \times 12} = 17128$ f. 12.

Il serait également facile de résoudre ce problème par les proportions.

219. Quel est le capital qui, placé pendant 9 ans à 4 p. 0/0, a rapporté 9216 fr. ?

Cet énoncé revient à celui-ci : 100 fr. rapportent 4 fr. en un an, quel est le capital qui a rapporté 9216 fr. en 9 ans ?

Si, pour avoir 4 fr. d'intérêt, il a fallu un capital de 100 fr., pour avoir 1 fr. d'intérêt, il aurait fallu un capital 4 fois moindre, ou $\frac{100}{4}$, et pour avoir 9216 fr. en un an, il aurait fallu un capital 9216 fois plus fort, ou $\frac{100 \times 9216}{4}$. Mais comme ces 9216 fr. d'intérêt n'ont été rapportés qu'en 9 ans, il a fallu seulement un capital 9 fois moindre, ou $\frac{100 \times 9216}{4 \times 9} =$ 25600 fr.

On pourra résoudre ce problème par les proportions, en se guidant sur la solution du problème suivant.

220. Quel est le capital qui, placé pendant 2 ans 3 mois 8 jours, à $5\frac{3}{4}$ p. 0/0, a rapporté 9407 fr. ?

Nous compterons l'année de 360 jours, et le mois de 30 jours.

L'énoncé revient alors à celui-ci : 100 fr. rapportent 5 fr. 75 en 360 jours, quel est le capital qui a rapporté 9407 fr. en 2 ans 3 mois 8 jours, ou 818 jours ?

Solution par le raisonnement. — Si, pour avoir 5 fr. 75 d'intérêt, il a fallu un capital de 100 fr., pour avoir 1 franc d'intérêt, il aurait fallu 100 fr. divisés par 5 fr. 75 ou $\frac{100}{5.75}$, et pour avoir 9407 fr. en un an, il aurait fallu un capital 9407 fois plus grand ou $\frac{100\times9407}{5.75}$. Mais si l'on avait voulu avoir cet intérêt en un jour, il aurait fallu un capital encore 360 fois plus grand, ou $\frac{100\times9407\times360}{5.75}$, et puisqu'on ne l'a obtenu qu'en 818 jours, le capital a dû être 818 fois moindre, ou $\frac{100\times9407\times360}{5.75\times818} = 72000$ fr.

Solution par les proportions. — Écrivons le problème sur deux lignes :

$$100 \text{ fr.} - 5 \text{ fr. } 75 - 360 \text{ jours.}$$
$$x - 9,407 - 818$$

1° Comparant le second intérêt au premier, nous

dirons : *plus* l'intérêt est fort, *plus* le capital a dû être grand ; règle directe qui donne :

$$5 \text{ fr. } 75 : 9,407 :: 100 : x$$

2° Comparant le second nombre de jours au premier, nous dirons : *plus* le temps a été long pour rapporter un certain intérêt, *moins* le capital a dû être fort ; règle inverse qui donne :

$$818 : 360 :: x : X$$

Multipliant par ordre, en négligeant x, on a :

$$5.75 \times 818 : 9407 \times 360 :: 100 : X$$

D'où l'on tire : $X = \dfrac{100 \times 9407 \times 360}{5.75 \times 818} = 72,000 \text{ fr.}$

221. A quel taux ont été placés 18000 fr. qui, en 2 ans 4 mois, ont rapporté 2520 fr. ?

Comptant l'année de 360 jours et le mois de 30 jours, l'énoncé revient à celui-ci : 18000 fr. ont rapporté 2520 fr. en 2 ans 4 mois ou 28 mois ; combien 100 fr. rapporteront-ils en 12 mois ?

Si 18000 fr. ont rapporté 2520 fr., un franc a rapporté 18000 fois moins ou $\dfrac{2520}{18000}$, et 100 fr. rapporteront 100 fois plus, ou $\dfrac{2520 \times 100}{18000}$. Mais cet intérêt est celui de 28 mois ; pour un mois il aurait été 28 fois moindre, ou $\dfrac{2520 \times 100}{18000 \times 28}$, et pour 12 mois, il sera 12 fois plus grand ou $\dfrac{2520 \times 100 \times 12}{18000 \times 28} = 6 \text{ p. } \%.$

La solution par les proportions n'offre aucune difficulté.

222. Pendant quel temps ont été placés 45000 fr. qui, à 4 p. %, ont rapporté 6,210 fr. ?

Cherchons d'abord l'intérêt de 45000 fr. à 4 p. % pour un an. 100 fr. rapportant 4 fr. par an, un franc rapportera $\frac{4}{100}$, et 45000 fr. rapporteront $\frac{4 \times 45000}{100}$.

Maintenant il est évident qu'autant de fois 6210 fr., intérêt total, contiendront $\frac{4 \times 45000}{100}$, intérêt d'un an, autant d'années la somme sera restée placée. Divisons donc 6210 fr. par $\frac{4 \times 45000}{100}$, c'est-à-dire multiplions 6210 fr. par cette expression fractionnaire renversée, ce qui donne $\frac{6210 \times 100}{4 \times 45000} = 3$ ans 5 mois 12 jours.

La solution peut avoir lieu par les proportions.

EXERCICES.

223. Quel intérêt produiront 1865 fr. placés, pendant 6 ans, à 4 p. % par an ?
Réponse. — 447 fr. 60.

224. Quel intérêt produiront 38400 fr. placés, pendant 9 mois, à 4 3/4 p. % par an ?
Rép. — 1368 fr.

225. Quel est le capital qui, placé à 5 p. % pendant 8 ans, a produit 12600 fr. ?

Rép. — 31500 fr.

226. Quel est le capital qui, placé à 5 1/2 p. % par an, pendant 11 mois et 9 jours, a produit 1864 fr. 50?

Rép. — 36,000 fr.

227. A quel taux ont été placés 18320 fr. qui ont rapporté, en 3 ans, 2473 fr. 20 ?

Rép. — A 4 1/2 p. %.

228. Pendant quel temps ont été placés 25000 fr. qui, à 6 p. % par an, ont rapporté 10500 fr. ?

Rép. — 7 ans.

QUESTIONS SUR LES RENTES.

229. Le cours du 5 p. % étant à 95 fr. 70, combien aura-t-on de rente pour 84000 fr. ?

La question revient à celle-ci : 95 fr. 70 rapportent 5 fr., combien rapporteront 84000?

95 fr. 70 rapportant 5 fr., un franc rapportera $\frac{5}{95.70}$, et 84000 fr. rapporteront $\frac{5 \times 84000}{95.70} =$ 4388 fr. 71.

230. Le cours du 3 % étant à 78 fr. 20, quel capital faut-il placer pour se faire 5700 fr. de rente?

La question revient à celle-ci : Il faut placer

78 fr. 20 pour se faire 3 fr. de rente, combien faudra-t-il placer pour se faire 5700 de rente ?

Si, pour avoir 3 fr. de rente, il faut placer 78 fr. 20, pour avoir un franc de rente il faudra placer $\frac{78.20}{3}$ et pour avoir 5700 fr. de rente, il faudra placer $\frac{78.20 \times 5700}{3} = 148580$ fr.

231. On a acheté pour 92,700 fr. de rentes 5 p. 100, et l'on s'est fait 4500 de rente : quel était alors le cours de la rente ?

La question revient à celle-ci : on a donné 92700 fr. pour se faire 4500 fr. de rente, combien faudra-t-il donner pour se faire 5 fr. de rente ?

Si, pour avoir 4500 fr. de rente, il a fallu 92700 fr., pour avoir 1 fr. de rente, il faudrait $\frac{92700}{4500}$, et pour avoir 5 fr. de rente il faudra $\frac{92700 \times 5}{4500} = 103$ fr.

232. A quel taux réel place-t-on son argent, quand on achète du 3 p. %, à raison de 73 fr. 50 ?

La question revient à celle-ci : 73 fr. 50 rapportent 3 fr., combien rapporteront 100 fr. ?

73 fr. 50 rapportant 3 fr., un franc rapportera $\frac{3}{73.50}$, et 100 fr. rapporteront $\frac{3 \times 100}{73.50} = 4$ fr. 08, c'est-à-dire que l'on a placé son argent à 4 fr. 08 p. %.

233. Lequel est le plus avantageux, ou de placer son argent à $4\frac{1}{2}$ p. %, ou d'acheter de la rente 3 p. 100, au cours de 65 fr. 90 ?

Cherchons à quel taux réel on place son argent, en achetant du 3 p. % au cours de 65 fr. 90. Si 65 f. 90 rapportent 3 fr., 1 fr. rapportera $\frac{3}{65.90}$, et 100 fr. rapporteront $\frac{3\times100}{65.90} = 4$ fr. 55. Il est donc plus avantageux d'acheter de la rente, puisqu'alors 100 fr. rapportent 4 fr. 55, tandis que, dans le premier cas, ils ne rapportent que 4 fr. 50.

234. Le cours de la rente 5 p. 0/0 est de 101 fr. 60, celui de la rente 3 p. 100 est de 61 fr. 20 : quel est le plus élevé ?

Cherchons dans les deux cas, à quel taux réel on place son argent :

1° Si 101 fr. 60 rapportent 5 fr., 1 fr. rapportera $\frac{5}{101.60}$, et 100 fr. rapporteront $\frac{5\times100}{101.60} = 4$ fr. 92.

2° Si 61 fr. 20 rapportent 3 fr., 1 fr. rapportera $\frac{3}{61.20}$, et 100 fr. rapporteront $\frac{3\times100}{61.20} = 4$ fr. 91.

Le cours du 5 p. 0/0 est donc plus élevé.

235. Le cours de la rente 3 p. 0/0 s'élève de 60 fr. 50 à 61 fr. 80 ; jusqu'où doit s'élever proportionnellement la rente 5 p. %, qui est actuellement au cours de 95 fr. 40 ?

Si 60 fr. 50 s'élèvent à 61 fr. 80, 1 fr. s'élèvera à 61 fr. 80 divisés par 60 fr. 50 , et 95 fr. 40 s'élèveront à 61 fr. 80 divisés par 60 fr. 50 et multipliés par 95 fr. 40 $\frac{61.80\times95.40}{60.50} = 97$ fr. 45.

236. On a acheté 4800 fr. de rentes 5 p. %, au

cours de 92 fr. 50; on les revend au cours de 93 fr. 20 : combien gagne-t-on ?

Ici, il y a deux calculs à faire.

1° Si, pour avoir 5 fr. de rente, on a déboursé 92 fr. 50, pour avoir 1 franc de rente, on a déboursé $\frac{92.50}{5}$, et pour avoir 4800 fr. de rente, on a déboursé $\frac{92.50 \times 4800}{5} = 88800$ fr.

2° Si l'on a vendu 5 fr. de rente pour 93 fr. 20, on a vendu un franc de rente pour $\frac{93.20}{5}$, et les 4800 fr. ont été vendus pour $\frac{93.20 \times 4800}{5} = 89472$ fr.

On a donc gagné 89472 fr. moins 88800 fr., ou 672 fr.

237. On a acheté 3600 fr. de rentes 3 p. %, au cours de 78 fr. 40; on les revend au cours de 76 fr. 80 : combien perd-on ?

Nous ferons encore deux calculs :

1° Si l'on a acheté 3 fr. de rente pour 78 fr. 40, on a acheté un franc de rente pour $\frac{78.40}{3}$, et l'on a acheté les 3600 fr. pour $\frac{78.40 \times 3600}{3} = 94080$ fr.

2° Si l'on a vendu 3 fr. de rente pour 76 fr. 80, on a vendu 1 fr. de rente pour $\frac{76.80}{3}$, et l'on a vendu les 3600 fr. pour $\frac{76.80 \times 3600}{3} = 92160$ fr.

On a donc perdu 94080 fr. moins 92160 fr., ou 1920 fr.

EXERCICES.

238. Quel revenu se fera-t-on si l'on achète pour 75,000 fr. de rentes 3 p. %, au cours de 69 fr. 30 ?

Réponse. — 3,246 fr. 75.

239. On a acheté du 5 p. % au cours de 87 fr. 50; et l'on s'est fait 4300 fr. de rente : quel capital a-t-on déboursé ?

Rép. — 75,250 fr.

240. On a acheté pour 68,400 fr. de rentes 3 p. %, et l'on s'est fait 2700 fr. de rente : quel était alors le cours de la rente ?

Rép. — 68 fr. 66.

241. A quel taux réel place-t-on son argent, quand on achète du 5 p. % au cours de 89 fr. 70 ?

Rép. — A 5 fr. 57 p. %.

242. On a acheté 5400 fr. de rentes 3 p. 0/0 au cours de 68 fr. 40, et on les revend au cours de 67 fr. 80; combien perd-on?

Rép. — 1080 fr.

QUESTIONS SUR L'ESCOMPTE.

REMARQUE SUR L'ESCOMPTE EN DEHORS ET L'ESCOMPTE EN DEDANS.

L'escompte en dehors est l'intérêt, prélevé au taux convenu, sur la somme tout entière qui est portée sur le billet.

L'escompte en dedans est l'intérêt, prélevé au taux convenu, mais seulement sur la valeur actuelle du billet.

Pour fixer les idées, soit à escompter, à 6 pour cent par an, un billet de 5300 fr. payable dans un an.

Si l'on escompte en dehors, on doit retenir 6 fr. sur 100 fr; et comme 100 fr. sont contenus 53 fois dans 5300 fr, on retiendra 53 fois 6 fr., ou 318 fr.

Si l'on escompte en dedans, on raisonne ainsi : 100 fr. placés à 6 pour cent, valent au bout d'un an 106 fr.; et réciproquement, un billet de 106 fr., payable dans un an, représente une valeur actuelle de 100 fr., et ne doit donc éprouver que 6 fr. de retenue. Voilà précisément en quoi diffèrent les deux escomptes : dans l'escompte en dehors, on retient 6 fr. sur 100 fr.; dans l'escompte en dedans, on ne retient 6 fr. que sur 106 fr. Si l'on retient 6 fr. sur 106 fr., sur un franc on retiendra $\frac{6}{106}$, et sur 5300 fr. on retiendra $\frac{6 \times 5300}{106} = 300$ f.

L'escompte en dedans est, comme on le voit, moins élevé que l'escompte en dehors; il est aussi plus exact et plus équitable. Cependant, c'est l'escompte en dehors qui est en usage en France, sans doute parce qu'il est plus facile à calculer.

243. Escompter le 4 mai, à 6 pour cent par an et en dehors, un billet de 3450 fr. payable le 4 octobre de la même année.

Comptant l'année de 360 jours et le mois de 30 jours, on trouve, du 4 mai au 4 octobre, 150 jours.

L'escompte de 100 fr. pour un an étant 6 fr., l'escompte d'un jour sera $\frac{6}{360}$, et l'escompte de 150 jours sera $\frac{6 \times 150}{360} = 2$ fr. 50. Si 2 fr. 50 sont l'escompte de 100 fr. pour 150 jours, l'escompte d'un franc sera $\frac{2\,fr.\,50}{100}$, et l'escompte de 3450 fr. pour le même temps sera $\frac{2\,fr.\,50 \times 3450}{100} = 86$ fr. 25. Le porteur du billet recevra donc 3450 fr. moins 86 fr. 25 $= 3363$ fr. 75.

Les négociants trouvent l'escompte par la règle mécanique suivante : ils multiplient le montant du billet par le nombre des jours compris entre le jour de la négociation (de l'escompte) et celui de l'échéance, et ils divisent ce produit par 6000. En employant ce moyen , on trouvera exactement 86 fr. 25.

244. Escompter en dedans le billet du problème précédent.

Ici, pour les 150 jours, au lieu de retenir 2 fr. 50 sur 100 fr., nous retiendrons 2 fr. 50 sur 102 fr. 50.

L'escompte de 102 fr. 50 étant 2 fr. 50, l'escompte de 1 franc sera $\frac{2\,fr.\,50}{102.\,50}$, et l'escompte de 3450 fr. sera $\frac{2\,fr.\,50 \times 3450}{102.\,50} = 84$ fr. 14, escompte moins élevé que l'escompte en dehors. Le porteur

du billet recevra donc alors 3450 fr. moins 84 fr. 14
= 3365 fr. 86.

245. Un marchand achète pour 4600 fr. de marchandises qu'il ne peut pas payer comptant; il fait
au vendeur un billet payable dans 90 jours; quel
sera le montant de ce billet, l'escompte étant à 6
pour cent par an?

Si, dans la négociation d'un billet, l'escompte en
dedans est plus juste que l'escompte en dehors,
quand au contraire on souscrit un billet, il faut
ajouter à la somme due son escompte en dehors.
Ainsi, notre billet sera de 4600 fr., plus l'intérêt à
6 pour cent de ces 4600 fr. pendant 90 jours.

Si 100 fr. rapportent 6 fr. par an, 1 franc rapportera $\frac{6}{100}$, et 4600 fr. rapporteront $\frac{6 \times 4600}{100}$; en un
jour, ils rapporteront $\frac{6 \times 4600}{100 \times 360}$, et en 90 jours ils
rapporteront $\frac{6 \times 4600 \times 90}{100 \times 360}$ = 69 fr. Le billet sera
donc de 4669 fr.

EXERCICES.

246. Escompter, le 5 juin, à 5 1/2 p. 0/0 et en dehors,
un billet de 1950 fr. payable le 10 septembre de la même
année?

Rép. — L'escompte est de 28 fr. 28, et le billet ne vaut
plus que 1921 fr. 72.

247. Escompter à 1/3 p. 0/0 par mois et en dehors, un
billet de 2500 fr. payable dans 5 mois?

Rép. — L'escompte est de 41 fr. 66, et le billet ne vaut plus que 2458 fr. 34.

248. Escompter à 6 p. 0/0 par an, et en dedans, un billet de 6400 fr. payable dans 210 jours?

Rép. — L'escompte est de 216 fr. 42, et le billet ne vaut plus que 6183 fr. 58.

249. Une personne ayant acheté pour 3200 fr. de marchandises, et ne pouvant pas les payer comptant, fait au vendeur un billet payable dans 120 jours : quel sera le montant de ce billet, l'escompte étant à 6 p. 0/0 par an?

Rép. — 3264 fr.

QUESTIONS SUR LES INTÉRÊTS COMPOSÉS.

250. Que deviendront 24000 fr. placés pendant 3 ans, à 5 p. %, et à intérêts composés?

100 fr. rapportant 5 fr., valent au bout d'un an 105 fr., et un franc vaut 100 fois moins, ou $\frac{105}{100}$ de franc. Donc, une somme placée à 5 p. %, vaut, au bout d'un an, les $\frac{105}{100}$ d'elle-même. Au bout de la première année, les 24000 fr. vaudront donc les $\frac{105}{100}$ de 24000 fr., ou $\frac{24000 \times 105}{100}$; au bout de la se-

conde année, ils vaudront les $\frac{105}{100}$ de $\frac{24000\times105}{100}$, ou $\frac{24000\times105\times105}{100\times100}$. Enfin, au bout de la troisième année, ils vaudront encore les $\frac{105}{100}$ de ce qu'ils valaient à la fin de l'année précédente, ou $\frac{24000\times105\times105\times105}{100\times100\times100} = \frac{24000\times21\times21\times21}{20\times20\times20} = 27783$ fr.

251. Que deviendront 9500 fr. placés pendant 2 ans 7 mois à 6 p. %, et à intérêts composés?

100 fr. rapportant 6 fr., valent au bout d'un an 106 fr., et 1 franc vaut 100 fois moins, ou $\frac{106}{100}$. Une somme placée à 6 p. %, vaut donc, au bout d'un an, les $\frac{106}{100}$ d'elle-même. Les 9500 fr. vaudront par conséquent, à la fin de la première année, les $\frac{106}{100}$ de 9500 fr., ou $\frac{9500\times106}{100}$; à la fin de la seconde année, ils vaudront les $\frac{106}{100}$ de $\frac{9500\times106}{100}$, ou $\frac{9500\times106\times106}{100\times100} = 10674$ fr. 20.

Maintenant, il reste à prendre l'intérêt à 6 p. %, de 10674 fr. 20, pour 7 mois; l'intérêt pour un an sera $\frac{6\times10674.20}{100}$, pour un mois il sera $\frac{6\times10674.20}{100\times12}$, et pour 7 mois il sera $\frac{6\times10674.20\times7}{100\times12} = 373$ fr. 60.

Les 9500 fr. vaudront donc, au bout de 2 ans 7 mois : 10674 fr. 20 $+$ 373 fr. 60 $= 11047$ fr. 80.

EXERCICES.

252. Que deviendront 3800 fr. placés pendant 3 ans, à 4 p. 0/0 l'an, et à intérêts composés ?

Réponse. — 4274 fr. 48.

253. Que deviendront 6400 fr. placés pendant 2 ans 3 mois, à 5 1/2 p. 0/0 par an, et à intérêts composés ?

Rép. — 7221 fr. 30.

QUESTIONS DE SOCIÉTÉ ET DE PARTAGE.

254. Quatre marchands s'étant associés pour faire un achat, le premier a fourni 540 fr., le second 630 fr., le troisième 720 fr., et le quatrième 570 fr. La vente de leurs marchandises étant terminée, ils trouvent un bénéfice de 820 fr. : quelle part en revient-il à chacun ?

Solution par le raisonnement. — Additionnons les quatre mises particulières, ce qui donne 2460 fr.

Pour le premier marchand nous dirons : Si une mise totale de 2460 fr. a donné un bénéfice total de 820 fr., une mise d'un franc donnera un bénéfice 2460 fois moins grand, ou $\frac{820}{2460}$, et une mise de

540 fr. donnera un bénéfice 540 fois plus grand, ou $\frac{820 \times 540}{2460}$ $= 180$ fr.

Pour le second : Une mise de 2460 fr. ayant donné un bénéfice de 820 fr., une mise de 1 franc rapportera $\frac{820}{2460}$, et une mise de 630 fr. rapportera $\frac{820 \times 630}{2460}$ $= 210$ fr.

Pour le troisième, un raisonnement semblable donnera $\frac{820 \times 720}{2460}$ $= 240$ fr.

Et pour le quatrième, nous aurons $\frac{820 \times 570}{2460}$ $= 190$ fr.

Ce qui donne bien pour total $\overline{ 820 \text{ fr.}}$

Solution par les proportions. — Il est évident que la part de chacun doit être proportionnelle à sa mise, c'est-à-dire que le bénéfice de chacun doit être, par rapport au bénéfice total, ce que sa mise est par rapport à la mise totale. Or, la mise totale étant 2460 fr., nous poserons les quatre proportions suivantes :

Pour le 1er, $2460 : 540 :: 820 : x$
Pour le 2e, $2460 : 630 :: 820 : x$
Pour le 3e, $2460 : 720 :: 820 : x$
Pour le 4e, $2460 : 570 :: 820 : x$

D'où nous tirons :

Pour le 1ᵉʳ : $\qquad x = \dfrac{820 \times 540}{2460} = 180$ fr.

Pour le 2ᵉ : $\qquad x = \dfrac{820 \times 630}{2460} = 210$ fr.

Pour le 3ᵉ : $\qquad x = \dfrac{820 \times 720}{2460} = 240$ fr.

Pour le 4ᵉ : $\qquad x = \dfrac{820 \times 570}{2460} = 190$ fr.

Ce qui donne encore pour total   820 fr.

D'où l'on voit que, pour partager une somme quelconque entre plusieurs personnes, il faut multiplier la somme à partager par la mise de chaque personne, et diviser le produit par la mise totale.

255. Trois négociants s'associent : le premier met 4600 fr, qu'il laisse dans la société pendant 2 ans 3 mois ; le deuxième met 5800 fr., qu'il laisse pendant 1 an 9 mois ; le troisième met 4200 fr. qu'il laisse pendant 3 ans. Au bout de ce temps, les associés se séparent, ayant fait un bénéfice de 8400 fr. : que revient-il à chacun ?

Solution par le raisonnement. — La part de chaque associé dépend ici, à la fois, de sa mise et du temps pendant lequel il l'a laissée.

1° 4600 fr. laissés pendant 2 ans 3 mois, ou 27 mois, sont la même chose que 27 fois 4600 fr., ou 124200 fr., laissés pendant un mois seulement.

2° 5800 fr. laissés pendant un an 9 mois, ou 2 mois, reviennent à 21 fois 5800 fr., ou 121800 fr., laissés pendant un mois seulement.

3° 4200 fr. laissés pendant 3 ans ou 36 mois, reviennent à 36 fois 4200 fr., ou 151200 fr. laissés pendant un mois seulement.

La question revient donc à partager les 8400 fr., proportionnellement aux trois mises, 124200 fr.: 121800 fr., et 151200 fr., dont le total est 397200 fr.

Pour le premier négociant nous dirons : Une mise totale de 397200 fr. rapportant un bénéfice de 8400 fr., une mise de 1 franc rapportera $\frac{8400}{397200}$, et une mise de 124200 fr.

rapportera $\frac{8400 \times 124200}{397200} = 2626$ fr. 58

Un raisonnement semblable nous donnerait :

Pour le second :
$$\frac{8400 \times 121800}{397200} = 2575 \text{ fr. } 83$$

Et pour le troisième :
$$\frac{8400 \times 151200}{397200} = 3197 \text{ fr. } 58.$$

Ce qui donne pour total : 8399 fr. 99, soit 8400 fr.

Ici il y a une erreur d'un centime ; cette erreur pourrait être au plus de deux centimes, mais non pas de trois, attendu qu'il y a trois parts à faire, et qu'alors il devrait y avoir un centime de plus à chaque part.

Solution par les proportions. — Nous poserons les trois proportions suivantes :

Pour le 1er, $\quad 397200 : 124200 :: 8400 : x$

Pour le 2e, $\quad 397200 : 121800 :: 8400 : x$

Pour le 3e, $\quad 397200 : 151200 :: 8400 : x$

D'où nous tirons :

Pour le 1er : $x = \dfrac{8400 \times 124200}{397200} = 2626$ fr. 58.

Pour le 2^e : $x = \dfrac{8400 \times 121800}{397200} = 2575$ fr. 83.

Pour le 3e : $x = \dfrac{8400 \times 151200}{397200} = 3197$ fr. 58

Ce qui donne encore pour total : 8399 fr. 99 ou 8400 fr.

256. Partager le nombre 858 proportionnellement aux trois fractions $\frac{3}{4}$, $\frac{5}{6}$, $\frac{4}{5}$?

Réduisant ces trois fractions au même dénominateur, elles reviennent à $\frac{90}{120}$, $\frac{100}{120}$, $\frac{96}{120}$. Pour résoudre le problème, il suffit de partager 858 proportionnellement aux trois numérateurs 90, 100 et 96, dont le total est 286. Nous aurons les trois proportions :

Pour la 1re part :   286 : 90 :: 858 : x
Pour la 2e part :   286 : 100 :: 858 : x
Pour la 3e part :   286 : 96 :: 858 : x

D'où nous tirons :

Pour la 1re part : $x = \dfrac{858 \times 90}{286} = 270$

Pour la 2e part : $x = \dfrac{858 \times 100}{286} = 300$

Pour la 3e part : $x = \dfrac{858 \times 96}{286} = 288$

Ce qui donne bien pour total   858.

Le raisonnement nous donnerait les mêmes expressions fractionnaires et les mêmes résultats.

257. Partager 360 fr. entre trois personnes, de manière que la seconde ait le triple de la première, et que la troisième ait la moitié de ce qu'ont la première et la seconde réunies.

Si nous représentons la part de la première personne par 1, la part de la seconde, d'après l'énoncé, sera représentée par 3, et la part de la troisième sera représentée par la moitié de $1 + 3$ ou par 2. Il faut donc partager les 360 fr. proportionnellement aux trois nombres 1, 3 et 2, dont le total est 6. C'est-à-dire que la part de la première personne sera la sixième partie de la somme à partager.

La 1re personne aura donc le $\frac{1}{6}$ de 360 fr. $=$ 60 fr.

La 2e aura donc $60 \times 3 \quad = \quad$ 180

Et la 3e aura $\frac{60 + 180}{2} \quad = \quad$ 120

Ce qui donne bien pour total $\quad\quad$ 360 fr.

258. Partager 494 fr. entre trois personnes, de manière que la part de la première soit à la part de la seconde comme $\frac{2}{3}$ est à $\frac{1}{2}$, et que la part de la seconde soit à la part de la troisième comme $\frac{5}{6}$ est à $\frac{4}{5}$.

L'énoncé du problème nous fournit ces deux proportions :

La 1re part : la 2me part $:: \frac{2}{3} : \frac{1}{2}$.

La 2me part : la 3me part $:: \frac{5}{6} : \frac{4}{5}$.

Réduisant dans chaque proportion les deux fractions au même dénominateur, on a :

$$\text{La 1}^{re}\text{ part : la 2}^{me}\text{ part} :: \frac{4}{6} : \frac{3}{6}.$$

$$\text{La 2}^{me}\text{ part : la 3}^{me}\text{ part} :: \frac{25}{30} : \frac{24}{30}.$$

Supprimant les dénominateurs dans chaque proportion, ce qui n'en change pas la valeur, il reste :

$$\text{La 1}^{re}\text{ part : la 2}^{me}\text{ part} :: 4 : 3.$$

$$\text{La 2}^{me}\text{ part : la 3}^{me}\text{ part} :: 25 : 24.$$

On voit que la 2me part figure dans chaque proportion, et qu'elle y est représentée par deux nombres différents 3 et 25. Or, il faut rendre ces deux nombres semblables, et l'on y arrivera ainsi : on multipliera les deux termes du rapport 4 : 3 par 25, qui correspond à la 2me part dans la 2me proportion ; et l'on multipliera les deux termes du rapport 25 : 24 par 3, qui répond à la 2me part dans la 1re proportion. Ces multiplications n'altèreront pas les proportions, et l'on aura :

$$\text{La 1}^{re}\text{ part : la 2}^{me}\text{ part} :: 100 : 75$$

$$\text{La 2}^{me}\text{ part : la 3}^{me}\text{ part} :: 75 : 72$$

Maintenant aux trois parts répondent les trois nombres 100, 75 et 72, proportionnellement auxquels nous partagerons les 494 fr. Le total de ces trois nombres étant 247, nous aurons :

Pour la 1re personne :

$$247 : 100 :: 494 : x$$

Pour la 2me :

$$247 : 75 :: 494 : x$$

Pour la 3me :

$$247 : 75 :: 494 : x$$

D'où nous tirerons :

Pour la 1re : $x = \dfrac{494 \times 100}{247} = 200$ fr.

Pour la 2me : $x = \dfrac{494 \times 75}{247} = 150$ fr.

Pour la 3me : $x = \dfrac{494 \times 72}{247} = 144$ fr.

Ce qui donne bien pour total 494 fr.

EXERCICES.

259. On doit répartir un impôt de 800 fr. entre trois villages, dont le premier renferme 240 habitants, le second 510 habitants, et le troisième 450 habitants : quelle partie de l'impôt chaque village supportera-t-il, eu égard à sa population ?

Réponse. — Le premier village 160 fr., le deuxième 340 fr., le troisième 300 fr.

260. Trois personnes se réunissent pour une entreprise ; la première met 5400 fr., qu'elle laisse dans la société pendant 9 mois ; la seconde met 4800 fr., qu'elle laisse pendan 1 an 3 mois ; et la troisième met 3900 fr., qu'elle laisse pendant 2 ans. Au bout de ce temps l'entreprise est terminée, et a produit un bénéfice de 3000 fr. : quelle partie de ce bénéfice revient-il à chaque personne ?

Rép. — Il revient à la première 680 fr. 67, à la deuxième 1008 fr. 40, et à la troisième 1310 fr. 92.

261. Partager le nombre 1028 en trois parties, qui soient entre elles comme les fractions 2/3, 7/8, et 3/5?

Rép. — Ces trois parties sont : 320—420—288.

262. Partager 450 fr. entre trois personnes, de manière que la deuxième ait les 3/4 de la première, et que la troisième ait les 2/7 de ce qu'auront les deux premières ensemble?

Rép — La première personne aura 200 fr., la deuxième 150 fr., la troisième 100 fr.

263. Partager 582 fr. entre trois personnes, de manière que la part de la première soit à la part de la deuxième, comme 1/2 est à 3/4, et que la part de la deuxième soit à la part de la troisième, comme 2/3 est à 3/7?

Rép. — La première personne aura 168 fr., la seconde 252 fr., et la troisième 162 fr.

QUESTION SUR LES MÉLANGES ET LES ALLIAGES.

264. On mêle 5 litres de vin à 1 fr. 15 le litre avec 9 litres à 1 fr. 50; quel est le prix du litre du mélange?

$$5 \text{ lit. à } 1 \text{ fr. } 15 \qquad \text{font } 5 \text{ fr. } 75$$
$$9 \text{ — } 1 \text{ fr. } 50 \qquad \text{— } 13 \text{ fr. } 50$$

Les 14 lit. reviennent donc à 19 fr. 25

Et 1 lit. revient à $\frac{19 \text{ fr. } 25}{14} = 1$ fr. 37 environ.

265. On allie 89 gr. d'or, au titre de $\frac{920}{1000}$, avec

45 gr. à $\frac{750}{1000}$; quel est le titre de l'or ainsi obtenu?

89 gr. à 0.920 contiennent en or pur 920 fois la millième partie de 89 gr., ou 89 gr. $\times$ 0.920 $=$ 81 gr. 880 d'or pur.

45 gr. à 0.750 contiennent en or pur 750 fois la millième partie de 45 gr. ou 45 gr. $\times$ 0.750 $=$ 33 gr. 750 d'or pur.

Donc 89 gr. $+$ 45 gr. ou les 134 gr. de l'alliage contiennent 81 gr. 880 $+$ 33 gr. 750 ou 115 gr. 630 d'or pur, et un gramme de l'alliage renferme $\frac{115 \text{ gr. } 630}{134} =$ 0 gr. 862 d'or pur environ, c'est-à-dire que le litre de l'alliage est à peu près $\frac{862}{1000}$.

266. Combien faut-il ajouter d'eau à 45 lit. d'eau-de-vie qui coûtent 2 fr. 20 le litre, pour leur donner une valeur de 2 fr. le litre?

45 lit. à 2 fr. 20 font 99 fr.; il faut qu'en ne vendant le litre que 2 fr., on retire également 99 fr. du tout. Divisons donc 99 fr. par 2 fr., pour savoir combien de litres on doit débiter; nous trouverons 49 lit. 5. Il faut donc ajouter 49 lit. 5 — 45 lit. $=$ 4 lit. 5 d'eau.

267. Dans quelle proportion faut-il mélanger deux qualités de café, valant l'une 4 fr. 50 le kilog., l'autre 6 fr. 20, pour faire du café à 5 fr. 30?

Chaque kilog. de café à 4 fr. 50 que l'on vendra 5 fr. 30, donnera 0.80 cent. de bénéfice, et chaque kilog. à 6 fr. 20 que l'on vendra à 5 fr. 30 donnera

0.90 cent. de perte. Donc, si l'on prend 90 kilog. de café à 4 fr. 50 et 80 kilog. à 6 fr. 20 et que l'on vende le tout 5 fr. 30, on gagnera d'une part 90 fois 0.80 c. ou 72 fr., et l'on perdra d'une autre part 80 fois 0.90 c. ou 72 fr. : il y aura donc compensation. Au lieu de 90 kilog. et de 80 kilog., on peut prendre simplement 9 kilogr. et 8 kilogram. Vérification :

$$9 \text{ kg. à } 4 \text{ fr. } 50 \text{ font } 40 \text{ fr. } 50$$
$$8 \qquad 6 \quad 20 \qquad 49 \quad 60$$

Les 17 kg. coûtent donc 90 fr. 10

Et un kilog. coûte $\dfrac{90 \text{ fr. } 10}{17} = 5 \text{ fr. } 30$

On obtiendrait encore du café au prix demandé, en en prenant 2, 3, 4, 10, etc., fois plus de chaque qualité.

268. On a vendu 3 mètres de satin et 8 mètres de velours pour 71 fr.; une autre fois, on a vendu 5 m. du même satin et 4 m. du même velours pour 53 fr. Quel est le prix du mètre de satin et du mètre de velours ?

Si, la seconde fois, au lieu de vendre 5 m. de satin et 4 m. de velours, on eût vendu 10 m. de satin et 8 m. de velours, on aurait reçu deux fois 53 fr. ou 106 fr., somme supérieure de 35 fr. à 71 fr., montant de la première vente. Mais, de cette manière, on aurait vendu à chaque fois autant de velours; par conséquent, les 35 fr. que la deuxième vente aurait produit de plus que la première ne pourraient être que le prix des 7 m. de satin qui auraient été vendus de plus la seconde fois que la première ; donc le mètre de satin coûte $\frac{35\,\text{fr.}}{7} =$ 5 fr.

Dans l'énoncé, nous voyons que 3 m. de satin et 8 m. de velours ont été vendus 71 fr. ; mais les 3 m. de satin valent 5 fr. $\times$ 3 $=$ 15 fr. ; les 8 m. de velours valent donc 71 $-$ 15 $=$ 56 fr., et un mètre de velours vaut $\frac{56\,\text{fr.}}{8} =$ 7 fr.

EXERCICES :

269. On mêle 7 kilog. de café à 3 fr. 50 le kilog., avec 9 kilogr. à 4 fr. 20 : quel est le prix d'un kilogr. de ce café mélangé ?

Réponse. — 3 fr. 89.

270. On allie 27 grammes d'argent au titre de 950/1000, avec 38 grammes au titre de 800/1000 ; quel est le titre de l'alliage ainsi obtenu ?

Rép. — 862/1000.

271. Quelle quantité d'eau faut-il ajouter à 25 litres de vin qui valent 0 fr. 60 le litre, pour leur donner une valeur de 0 fr. 50 le litre ?

Rép. — 5 litres d'eau.

272. Dans quelle proportion faut-il mélanger deux qualités d'huile, valant l'une 30 sous la livre, et l'autre 38 sous, pour faire de l'huile à 35 sous la livre ?

Rép. — On prendra 3 livres à 30 sous, et 5 livres à 38 sous ?

273. Un marchand a vendu 7 kilogr. de sucre, et 2 kil. de café pour 24 fr. 50 ; une autre fois, il a vendu 5 kilog. du même sucre, et 6 kilogr. du même café pour 33 fr. 50 ; quel a été le prix du kilog. de sucre, et le prix du kilog. de café ?

Rép. — Le kilog. de sucre a été vendu 2 fr. 50, et le kilog. de café 3 fr. 50.

QUESTIONS SUR LES ÉCHANGES.

274. Deux marchands font un échange ; l'un donne 25 mèt. de drap à 17 fr. 50 le mètre, et reçoit du rhum qui vaut 3 fr. 50 la bouteille ; combien lui revient-il de bouteilles ?

25 mètres de drap à 17 fr. 50 font 437 fr. 50 ; autant de fois 437 fr. 50 contiendront 3 fr. 50, autant de bouteilles le second marchand recevra ; effectuant la division, on trouve 125 bouteilles.

275. Un marchand fournit 540 kilogr. de sucre à 2 fr. 50 le kilog., en échange de 30 caisses d'oranges ; à combien lui revient la caisse d'oranges ?

540 kilog. à 2 fr. 50 font 1350 fr., qui sont aussi le prix des 30 caisses d'oranges, une caisse d'oranges coûte donc $\dfrac{1350 \text{ fr.}}{30} = 45$ fr.

276. Combien coûteront 150 paquets de plumes, en supposant :

Que 12 paquets de plumes valent autant que 6 lit. de vin,

Que 9 litres de vin   valent autant que 4 kil. de café,

Que 15 kilogr. de café   valent autant que 5 mouchoirs,
Et que 8 mouchoirs   coûtent   40 francs?

Reprenant ce problème par la fin de son énoncé, nous dirons : **Si 8 mouchoirs coûtent 40 fr., un** mouchoir coûtera $\frac{40 \text{ fr.}}{8}$, et 5 mouchoirs coûteront $\frac{40 \times 5}{8}$. Mais 15 kilog. de café valent autant que 5 mouchoirs ; un kilogr. de café coûtera donc $\frac{40 \times 5}{8 \times 15}$, et 4 kilogr coûteront $\frac{40 \times 5 \times 4}{8 \times 15}$. Mais 9 litres de vin valant autant que 4 kilogr. de café, un litre de vin coûtera $\frac{40 \times 5 \times 4}{8 \times 15 \times 9}$, et 6 litres de vin coûteront $\frac{40 \times 5 \times 4 \times 6}{8 \times 15 \times 9}$. Mais 12 paquets de plumes valant autant que 6 lit. de vin, un paquet de plumes coûtera $\frac{40 \times 5 \times 4 \times 6}{8 \times 15 \times 9 \times 12}$, et enfin les 150 paq. de plumes coûteront $\frac{40 \times 5 \times 4 \times 6 \times 150}{8 \times 15 \times 9 \times 12}$ $= 55$ fr. 55.

Nota. Ce problème est de la nature de ceux que les mathématiciens appellent *règles conjointes* ; nous l'avons placé ici, pour n'en pas faire un chapitre à part.

EXERCICES.

277. Un marchand échange 320 mètres de toile à 1 fr. 50 le mètre, contre du satin qui vaut 7 fr. 50 le mètre : combien de mètres de satin doit-il recevoir ?

Réponse. — 64 mètres.

278. Un marchand échange 15 kilog. de cochenille, à 180 fr. le kilog., contre 500 hectol. de blé : à combien lui revient l'hectolitre de blé?

Rép. — A 5 fr. 40.

279. Combien coûteront 25 mètres de satin, si l'on suppose :

Que 9 mètres de satin valent autant que 3 stères de bois ;

Que 5 stères de bois valent autant que 32 kilogrammes de sucre ;

Que 24 kilogrammes de sucre valent autant que 18 litres d'huile ;

Et que 15 litres d'huile coûtent 63 francs ?

Rép. — 168 fr.

QUESTIONS DE FAUSSE POSITION.

280. Si l'on veut payer 219 fr. avec 60 pièces, les unes de 5 fr. et les autres de 2 fr., combien donnera-t-on de pièces de chaque espèce ?

Si l'on donnait les 60 pièces, toutes de 5 fr., on paierait 300 fr., somme supérieure de 81 fr. à 219 fr. ; mais chaque pièce de 2 fr. que l'on donnera à la place d'une pièce de 5 fr., diminuera de 3 fr. l'excédant 81 fr. Si donc nous cherchons combien de fois 81 fr. contiennent 3 fr., nous verrons combien de pièces de 2 fr. il faut prendre, pour que l'excédant 81 fr. disparaisse entièrement : nous trouverons 27 pièces de 2 fr. On prendra donc 60—27=33 pièces de 5 fr. Vérification :

$$33 \text{ pièces de } 5 \text{ fr.} = 165 \text{ fr.}$$
$$27 \text{ pièces de } 2 \text{ fr.} = 54 \text{ fr.}$$

Les 60 pièces font bien   219 fr.

281. 65 mèt. de drap, les uns à 17 fr. 50, les autres à 15 fr. 25, ont coûté ensemble 1047 fr. 50, combien a-t-on acheté de mètres à chaque prix ?

Si les 65 mètres eussent coûté chacun 17 fr. 50, ils auraient coûté ensemble 1137 fr. 50, somme supérieure de 90 fr. à 1047 fr. 50. Mais chaque mètre à 15 fr. 25 coûtant 2 fr. 25 de moins qu'un mètre à 17 fr. 50, si nous divisons 90 fr. par 2 fr. 25, nous verrons combien il doit y avoir de mètres à 15 fr. 25, pour que l'excédant 90 fr. disparaisse : nous trouverons 40 mèt. à 15 fr. 25. On a donc acheté 65—40=25 mètres à 17 fr. 50. Vérification :

$$25 \text{ mèt. à } 17 \text{ fr. } 50 = 437 \text{ fr. } 50$$
$$40 \text{ mèt. à } 15 \text{ fr. } 25 = 610$$

Les 65 mèt. coûtent bien 1047 fr. 50

282. On a deux sortes de farine : l'une qui ferait du pain à 9 liards la livre, l'autre qui ferait du pain à 5 liards la livre. On demande combien il faut prendre de liv. de chaque sorte pour faire 100 liv. de pain à 6 liards la livre ?

Les 100 livres de pain à 6 liards la livre coûteront 600 liards. Or, si l'on prenait les 100 livres à 5 liards seulement, elles ne coûteraient que 500 li., c'est-à-dire 100 liards de moins qu'elles ne doivent coûter. Mais chaque livre à 9 liards que l'on mettra à la place d'une liv. à 5 liards, comblera de 4 liards le déficit 100 liards. Divisons donc 100 liards par

4 liards, afin de savoir combien de liv. à 9 liards il faut prendre pour que le déficit 100 liards soit comblé : nous trouverons qu'il faut prendre 25 liv. à 9 liards, et par conséquent 100 — 25 = 75 liv. à 5 liards. Vérification :

> 25 livres à 9 liards font 225 liards.
> 75 livres à 5 liards font 375 liards.

Les 100 l. reviennent donc à 600 liards, ou à 6 liards la liv.

283. Une somme de 1240 fr. a été placée partie à 6 p. 0/0, partie à 4 p. 0/0, et rapporte par an un intérêt total de 58 fr. Quelle partie a été placée à 6 p. 0/0, et quelle partie à 4 p. 0/0.

Si les 1240 fr. avaient tous été placés à 6 p. 0/0, ils produiraient un intérêt annuel de 74 fr. 40, supérieur à 58 fr. de 16 fr. 40. Mais de 6 p. 0/0 à 4 p. 0/0, il y a 2 p. 0/0 de différence, c'est-à-dire 2 f. sur 100 fr. ou 0 fr. 02 sur un franc. Donc chaque franc placé à 4 p. 0/0 diminue l'excédant 16 fr. 40 de 0 fr. 02, et si nous divisons 16 fr. 40 par 0 fr. 02, nous verrons quelle partie de la somme a été placée à 4 p. 0/0 : nous trouverons 820 fr. On a donc placé à 6 p. 0/0, 1240 — 820 fr. = 420 fr. Vérification :

> 420 fr. à 6 p. 0/0 rapportent 25 fr. 20.
> .820 fr. à 4 p. 0/0 rapportent 32 fr. 80.

Les 1240 fr. rapportent bien   58 fr. 00.

284. On a payé 37 fr. avec 114 pièces, les unes de 0 fr. 50 et les autres de 0 fr. 25 : combien a-t-on donné de pièces de chaque espèce?

Rép. — 34 pièces de 0 fr. 50, et 80 pièces de 0 fr. 25.

285. Une voiture est chargée de 50 bombes, les unes de 25 kilog. et les autres de 30 kilog., et pesant toutes ensemble 1340 kilog. : combien y a-t-il de bombes de chaque calibre?

Rép. — 32 de 25 kg., et 18 de 30 kg.

286. On a deux qualités de cacao, l'une qui ferait du chocolat à 4 fr. 50 le kilog., et l'autre qui ferait du chocolat à 6 fr. le kilog. Combien faut-il prendre de kilog. de chaque sorte de cacao pour faire 90 kg. de chocolat à 5 fr. le kilog. ?

Rép. — Il faut prendre 60 kilog. à 4 fr. 50, et 30 kilog. à 6 fr.

287. — Une somme de 610 fr. a été placée, partie à 5 p. %, partie à 6 p. %, et a produit dans un an un **intérêt** total de 34 fr. : quelle partie a été placée à 5 p. %, et quelle partie à 6 p. %?

Rép — 260 fr. à 5 p. %, et 350 fr. à 6 p. %.

CARRÉS ET RACINE CARRÉE.

288. Élever le nombre 83 au carré.

On obtiendra le carré de 83, en multipliant ce nombre par lui-même, et l'on aura $83 \times 83 = 6889$.

On formera encore le carré de 83, en se rappe-

lant que le carré d'un nombre composé de dizaines
et d'unités, renferme les trois parties suivantes :

1° Le carré des dizaines qui est $80 \times 80 = 6400$

2° Le double produit des dizaines mul-
tipliées par les unités, qui est $(80 \times 3) \times 2 = 480$

3° Le carré des unités qui est $3 \times 3 \qquad = 9$

Et l'on trouve encore pour total.   6889.

289. Élever au carré le nombre 2547.

Le carré de $2547 = 2547 \times 2547 = 6,487,209$.

Ce carré se compose encore des trois parties énoncées au numéro précédent, qui sont :

1° $2540 \times 2540 = 6451600$

2° $(2540 \times 7) \times 2 = 35560$

3° $7 \times 7 \qquad = 49$

Total.   6487209.

290. Un champ de forme carrée, et qui a 63 m.
de côté, est vendu à raison de 3 fr. 50 le mètre
carré : combien coûte-t-il ?

Elevant 63 au carré, nous trouvons que la superficie du champ est de 3969 mèt. car. Multipliant
3 fr. 50 par 3969 mèt. car., nous trouvons que le
champ coûte 13891 fr. 50.

291. Un carré a 12 mètres de côté, trouver le côté
du carré double, et le côté du carré moitié ?

Elevons 12 au carré, et nous trouverons que le
premier carré a 144 mètres carrés de superficie.

Le carré double aura donc $144 \times 2 = 288$ mètres carrés de superficie ; extrayant la racine carrée de 288, on trouvera que le côté de ce carré doit être long de 16 mèt. 97 c. à un centimètre près.

Le carré moitié aura en superficie la moitié de 144 ou 72 mèt. car.; extrayant la racine carrée de 72, on trouve que le carré moitié aura un côté long de 8 mèt. 49 à un centième près.

292. Une feuille de papier de forme rectangulaire à 48 centimètres de longueur et 27 centimètres de largeur; on demande quel sera le côté d'une feuille de papier de forme carrée, égale en superficie à la première?

Multipliant 48 par 27, on trouve que la surface de la première feuille est de 1296 centimètres carrés, d'où extrayant la racine carrée, on trouve que le côté de la seconde feuille doit avoir 36 centimètres de longueur. En effet $36 \times 36 = 1296$.

293. On a deux nombres; le plus grand est 32, et le total de leurs carrés est 1600 : quel est le plus petit?

Elevant 32 au carré on trouve 1024; retranchant 1024 de 1600, on trouve que le carré du plus petit nombre est 576; enfin extrayant la racine carrée de 576, on trouve que le nombre cherché est 24.

294. On a partagé 625 fr. entre plusieurs personnes, et chacune a eu autant de francs qu'il y avait

de personnes. Combien étaient-elles, et combien chacune a-t-elle reçu ?

Le nombre de francs que chaque personne a reçus, multiplié par le nombre des personnes, doit donner 625 fr.; mais ces deux nombres étant égaux, il en résulte que 625 est un carré; si nous en extrayons la racine carrée, nous trouverons qu'il y avait 25 personnes, et que par conséquent elles ont reçu chacune 25 fr.

295. On a partagé 320 fr. entre plusieurs personnes, et chacune a reçu autant de pièces de 5 fr. qu'il y avait de personnes. Combien étaient-elles, et combien chacune a-t elle reçu ?

Divisant d'abord 320 fr. par 5 fr. on trouve que 64 pièces de 5 fr. ont été distribuées. Or 64 pièces sont le produit de deux nombres égaux, savoir : le nombre des personnes, et le nombre de pièces donné à chacune. La racine carrée de 64 est 8; donc il y avait 8 personnes, qui ont reçu chacune 8 pièces de 5 fr. ou 40 fr., ce qui fait bien en tout 320 fr.

EXERCICES.

296. Elever au carré le nombre 45.
Réponse. — Ce carré est 2025.

297. Elever au carré le nombre 37,854.
Rép. — Ce carré est 1,432,925,316.

298. Un mur de forme carrée a 9 mètres de côté; on le

fait peindre à l'huile, et cette peinture se paye 1 fr. 50 le mètre carré : à combien s'élèvera la dépense?

Rép. — A 121 fr. 50.

299. 1225 soldats doivent former un carré; combien en mettra-t-on sur chaque côté?

Rép. — 35.

300. Un carré a 15 mètres de côté; trouver le côté d'un carré qui ait une superficie trois fois plus grande?

Rép. — Le côté sera long de 25 mètres 98, à un centimètre près.

301. Une pépinière, de forme rectangulaire, contient 81 arbres sur sa longueur, et 25 arbres sur sa largeur; le jardinier veut les transplanter dans un terrain de forme carrée, combien mettra-t-il d'arbres sur chaque côté?

Rép. — 45 arbres.

302. On a deux nombres; le plus petit est 15, et la différence entre leurs carrés est 504 : quel est le plus grand?

Rép. — 27.

303. On a partagé 256 fr. entre plusieurs personnes, et chacune a reçu autant de francs qu'il y a de personnes. Combien sont-elles, et combien chacune d'elles a-t-elle reçu?

Rép. — 16 personnes et 16 fr.

304. On a partagé 1058 fr. entre plusieurs personnes, qui ont reçu chacune autant de pièces de 2 fr. qu'il y a de personnes : combien sont-elles, et combien chacune a-t-elle reçu?

Rép. — 23 personnes et 46 fr.

CUBES ET RACINE CUBIQUE.

305. Elever au cube le nombre 65.

On obtiendra le cube de 65 en multipliant ce nombre deux fois de suite par lui-même, et l'on aura $65 \times 65 \times 65 = 274625$.

Le cube d'un nombre, composé de dizaines et d'unités, renferme aussi les quatre parties suivantes :

1° Le cube des dizaines, qui sera $60 \times 60 \times 60 =$ 216000

2° Le triple produit du carré des dizaines multiplié par les unités, qui sera $(60 \times 60 \times 5) \times 3 =$ 54000

3° Le triple produit des dizaines multipliées par le carré des unités, qui sera $(60 \times 5 \times 5) \times 3 =$ 4500

4° Le cube des unités, qui est $5 \times 5 \times 5 =$ 125

Et l'on trouve encore pour total 274625

306. Elever au cube le nombre 4532.

Ce cube est égal à $4532 \times 4532 \times 4532 = 93,082,856,768$.

Ce cube se compose encore des quatre parties énoncées au numéro précédent, qui donnent :

$$1^\circ\ 4530 \times 4530 \times 4530 = \qquad 92{,}959{,}677{,}000$$
$$2^\circ\ (4530 \times 4530 \times 2) \times 3 = \qquad 123{,}125{,}400$$
$$3^\circ\ (4530 \times 2 \times 2) \times 3 = \qquad 54{,}360$$
$$4^\circ\ 2 \times 2 \times 2 = \qquad 8$$

Total   93,082,856,768

307. Un bloc de marbre de forme cubique, ayant 16 décimètres de côté, est vendu à raison de 0 fr. 50 cent. le décimètre cube : quel en est le prix ?

Élevant 16 au cube, on trouve que le volume de ce bloc est de 4096 décim. cubes ; multipliant 0 fr. 50 par 4096, on trouve que ce bloc de marbre coûte 2048 fr.

308. On a 13824 dés à jouer, on veut en faire un cube ; combien en mettra-t-on sur chaque côté ?

Il suffit d'extraire la racine cubique de 13824, et l'on trouve qu'il faut mettre 24 dés sur chaque côté.

309. Un bassin de forme cubique a 7 m. de côté : quel est le côté d'un fossé également cubique et d'une capacité trois fois plus grande que le bassin ?

Elevons 7 au cube, nous trouverons 343 m. cub. pour la capacité du bassin ; celle du fossé sera 343 × 3 = 1029 m. cub. Extrayant la racine cubique de 1029, on trouve que le côté du fossé est de 13 m. 02, à un centimètre près.

310. Le logement d'un particulier se compose d'un certain nombre de pièces ; dans chaque pièce, il y a autant de chaises que le logement renferme de pièces, et chaque chaise coûte autant de francs qu'il y a de pièces. On demande le nombre des pièces, le nombre de chaises contenues dans chacune, et le prix de la chaise, sachant que toutes les chaises ensemble coûtent 216 fr.

D'après l'énoncé, on voit que 216 fr. sont le produit des trois nombres demandés, et que ces trois nombres sont égaux entre eux ; donc 216 est un cube. Si l'on en extrait la racine cubique, on verra que le logement se compose de 6 pièces, que chacune renferme 6 chaises, et que chaque chaise coûte 6 fr.

EXERCICES.

311. Elever au cube le nombre 48.

Rép. — 110,592.

312. Elever au cube le nombre 389.

Rép. — 58,863,869.

313. Un petit cube d'or, ayant 14 millim. de côté, est vendu à raison de 0 fr. 05 le millimètre cube : combien coûte-il ?

Rép. — 137 fr. 20.

314. Une caisse parfaitement cubique contient 1331 oranges, toutes de la même grosseur, et superposées avec la plus grande régularité : combien y a-t-il d'oranges dans la longueur, la largeur et la hauteur de la caisse ?

Rép. — 11 oranges sur chaque dimension.

315. Un réservoir de la forme d'un parallélipipède a 24 mètres de longueur, 9 mètres de largeur et 8 mètres de profondeur. On veut construire un réservoir de forme cubique et de la même capacité que le premier : quelle sera la longueur de son côté ?

Rép. — 12 mètres.

316. Un régiment renferme un certain nombre de bataillons, composés chacun d'autant de compagnies qu'il y a de bataillons dans le régiment, et chaque compagnie renferme autant d'officiers qu'il y a de bataillons. Sachant que dans ce régiment il y a 125 officiers, dire le nombre des bataillons, le nombre des compagnies que chacun renferme, et le nombre des officiers de chaque compagnie.

Rép. — 5 bataillons, 5 compagnies, 5 officiers.

SYSTÈME MÉTRIQUE.

317. Combien un myriamètre vaut-il de centimètres ?

Réponse. Un million de centimètres.

318. Combien un kilogramme vaut-il de décagrammes ?

Rép. Cent décagrammes.

319. Combien un hectolitre vaut-il de millilitres ?
Rép. Cent mille millilitres.

320. Combien un décastère vaut-il de décistères ?
Rép. Cent décistères.

321. Combien un kilogramme vaut-il de milligrammes?

Rép. Un million de milligrammes.

322. Combien un décimètre vaut-il de millimètres?

Rép. Cent millimètres.

323. Combien un myriamètre vaut-il de décimètres?

Rép. Cent mille décimètres.

324. Qu'est le centilitre par rapport au décalitre?
Rép. La millième partie.

325. Qu'est le millimètre par rapport au décamètre?
Rép. La dix-millième partie.

326. Qu'est le centigramme par rapport au kilogramme?
Rép. La cent-millième partie.

327. Comment appelez-vous la millième partie d'un hectomètre?
Rép. Un décimètre.

328. Comment appelez-vous la dix-millième partie d'un hectare?
Rép. Un centiare.

329. Comment appelez-vous la millième partie d'un kilogramme?
Rép. Un gramme.

330. Exprimez la distance du pôle à l'équateur en mètres, puis en décam., en hectom., en kilom. et en myriam. ?

Du pôle à l'équateur il y a 10 millions de mètres, ou un million de décam., ou cent-mille hectom., ou 10,000 kilom., ou 1000 myriamètres.

331. Exprimez la longueur du tour de la terre en mètres, puis en décamètres, en hectomètres, en kilomètres et en myriam. ?

Dans le tour de la terre il y a 40 millions de mètres, ou 4 millions de décam., ou 400,000 hectom. ou 40,000 kilom., ou 4000 myriamètres.

332. En prenant la lieue de 4444 mètres, combien y a-t-il de lieues dans le tour de la terre ?

Il faut diviser 40 millions de mètres par 4444 m., et l'on trouvera 9000 lieues $+\ \frac{4000}{4444}$ de lieue.

333. La distance de l'équateur à l'un des tropiques est de 23 degrés, 30 minutes : exprimez cette distance en kilomètres ?

Nous avons vu qu'il y a dans le tour de la terre 40,000 kilomètres ; comme cette distance se divise en 360 degrés, un degré vaut donc $\frac{40000}{360}$; une minute qui est le $\frac{1}{60}$ d'un degré vaudra $\frac{40000}{360 \times 60}$, et 23 degrés, 30 minutes ou 1410 minutes vaudront $\frac{40000 \times 1410}{360 \times 60}$ = 2611 kilom. 111.

334. Un décamètre de ruban a coûté 25 francs, combien coûteront 75 centimètres ?

Le décamèt. coûtant 25 fr., le m. coûte 2 fr. 50, et 0 m. 75 coûteront 75 fois la centième partie de 2 fr. 50 $=$ 2 fr. 50 $\times$ 0 m. 75 $=$ 1 fr. 88.

335. Sept décimètres de toile ont coûté 1 fr. 40, combien coûtera un hectomètre?

Si sept décim. ont coûté 1 fr. 40, un décim. a coûté 0 fr. 20 ; un mètre coûtera 2 fr., et un hectom., 200 fr.

336. Ecrire 18 mètres carrés et 7 décim. carrés ?

Les décim. car. étant des centièmes de m. car., nous écrirons : 18 m. car. 07.

337. Ecrire 36 mètres car. et 829 millim. car.

Les millim. car. étant des millionièmes de mètre carré, nous écrirons 36 m. car. 000829.

338. Ecrire 768 centimètres car. ?

Les centim. car. étant des dix-millièmes de mètre carré, nous écrirons 0 m. car. 0768.

339. Ecrire 3749 millimètres car.

Plaçant les millim. car. au rang des millionièmes, nous écrirons 0 m. car. 003749.

340. Ecrire 4563 décimètres carrés.

Plaçant les décim. car. au rang des centièmes, nous écrirons 45 m. car. 63.

341. Ecrire 879635 centimètres carrés.

Plaçant les centim. carrés au rang des dix-millièmes, nous écrirons 87 m. car. 9635.

342. Combien la millième partie d'un mètre car. vaut-elle de centim. car. ?

Le mètre car. valant 10,000 centim. car., la millième partie d'un mètre car. vaudra 10 centim. car.

343. Combien la centième partie d'un mèt. car. vaut-elle de millim. car. ?

Le mètre carré valant 1,000,000 de millim. car., la centième partie du mètre carré vaudra 10,000 millim. car.

344. Combien l'are vaut-il de décimètres carrés ? combien l'hectare en vaut-il ?

L'are vaut 100 m. car., et le mètre carré valant 100 décim. car., l'are vaut $100 \times 100 = 10,000$ décim. carrés. L'hectare en vaudra 100 fois plus, ou 1,000,000 de décim. car.

345. Combien le centiare vaut-il de centimètres carrés ?

Le centiare n'est autre chose qu'un mètre carré, et vaut par conséquent 10,000 centim. car.

346. Combien la millième partie d'un hectare vaut-elle de mètres carrés ?

L'hectare valant 10,000 m. car., la millième partie de l'hectare vaudra 10 m. car.

347. Combien la dix-millième partie d'un are vaut-elle de décimètres car. ?

L''are vaut, comme nous l'avons vu plus haut, 10,000 décim. car.; la dix-millième partie de l'are vaudra donc un décim. car.

348. Un terrain de forme rectangulaire a 95 m. de long sur 34 m. de large ; exprimez sa superficie en ares, puis en décim. carrés et en centim. car. ?

Pour avoir la surface d'un rectangle, il faut multiplier sa longueur par sa largeur : le terrain a donc une superficie de 3230 m. car. Divisant par 100 pour avoir des ares, puisque l'are vaut 100 m. car., nous aurons 32 ares, 30 centiares. D'une autre part, 3230 mèt. carré valent 323,000 décim. carrés ou 32,300,000 centim. car.

349. On a vendu 35 centiares de terrain pour 140 fr., quel serait le prix de l'hectare ?

Si 35 centiares ont été vendus 140 fr., un centiare a coûté $\frac{140 \text{ f.}}{35} =$ 4 fr., l'are coûterait 400 fr., et l'hectare 40,000 fr.

350. Un terrain de 35 hectares et 5 ares est vendu à raison de 5 fr. le mètre, car.; combien coûte-t-il ?

L'hectare valant 100 ares, 35 hectares et 5 ares valent 3505 ares ; et l'are valant 100 m. car. le terrain a donc 350,500 m. car. de superficie. Multiplions 5 fr. par 350,500 m. car., et nous aurons le prix du terrain, qui est de 1,752,500 fr.

351. Écrire 76 mètres cubes et 65 décimètres cub.

Les décimètres cubes étant des millièmes de m. cube, nous écrirons : 76 m. cub. 065.

352. Écrire 98 mètres cubes et 2357 centimètres cubes.

Les centimètres cubes étant des millionièmes de mètre cube, nous écrirons : 98 m. cub. 002357.

353. Écrire 85469 millimètres cubes.

Les millimètres cubes étant des billionièmes de m. cub., nous écrirons : 0 m. cub. 000085469.

354. Écrire 39867463 centimètres cubes.

Plaçant les centimètres cubes au rang des millionièmes, nous écrirons : 39 m. cub. 867463.

355. Combien un décimètre cube vaut-il de millimètres cubes ?

Un décim. cub. vaut 1000 cent. cub , et le centim. cub. valant 1000 millim. cub., le décim. cub. vaudra $1000 \times 1000 = 1,000,000$ de millim. cub.

356. Combien la dix-millième partie d'un mètre cube vaut-elle de centimètres cubes ?

Le mètre cube valant 1,000,000 de centim. cub., la dix-millième partie du m. cub. vaudra 100 centim. cubes.

357. Combien la centième partie d'un mètre cub. vaut-elle de décimètres cubes ?

Le mètre cube valant 1000 décim. cub., la centième partie du m. cub. vaudra 10 décim. cub.

358. Combien 15 stères, 3 décistères valent-ils de décim. cub. et de centim. cub. ?

15 st. 3 sont la même chose que 15 m. cub. 3, ou que 15,300 décim. cub., ou que 15,300,000 centim. cubes.

359. Si les stères des chantiers avaient une forme cubique, ils devraient avoir un mètre en tous sens; mais supposons qu'on remplit un stère ayant un mètre de large, de bûches de bois ayant 1 m. 25 de long : dans ce cas, quelle doit être la hauteur du stère?

Multiplions 1 m. 25, longueur de ce stère, par un mètre qui en est la largeur : nous trouverons que la surface de la base de notre mesure est de 1 mètre car. 25. Si nous connaissions la hauteur, en multipliant la surface de la base par la hauteur, nous trouverions le volume de ce stère, qui est un mètre cube. Donc un mètre cube est un produit, 1 mètre car. 25 est un de ses facteurs ; l'autre facteur est la hauteur, et nous la trouverons en divisant 1 par 1.25. Cette hauteur est de 0 m. 8 décimètres.

360. Combien 7 hectolitres et 4 litres valent-ils de décimètres cubes ?

7 hectol. et 4 lit. font 704 lit., et un litre étant un décim. cub., 704 lit. valent donc 704 décim. cub.

361. Un vase plein d'eau renferme 3 lit. 07, quelle en est la capacité en centim. cub., et en millim. cubes ?

Puisque à chaque litre répond un décim. cub., la capacité du vase est de 3 déc. 070 cent. cub., ou de 3,070 centim. cub., ou de 3,070,000 millim. cubes.

362. Un réservoir de la forme d'un parallélipipède, ayant 15 m. de long, sur 3 m. de large et 2 m. de haut, est rempli d'eau : combien renferme-t-il de litres ?

On obtient le volume d'un parallélipipède, en multipliant entre elles ses trois dimensions ; nous trouverons ainsi que la capacité du réservoir est de 90 m. cub., ou de 90,000 décim. cubes, ou de 90,000 lit., puisqu'un litre est un décim. cube.

363. 15 hectolitres d'huile ont coûté 1800 fr., quel est le prix du décilitre?

Si 15 hectol. ont coûté 1800 fr., un hectol. a coûté $\frac{1800}{15} =$ 120 fr.; un litre a coûté 100 fois moins, ou 1 fr. 20, et le décilitre encore dix fois moins, ou 0 fr. 12.

364. Un décilitre de liqueur a coûté 0 fr. 28, combien coûteront 45 hectol. 7?

Si le décilitre a coûté 0 fr. 28, le litre coûtera dix fois plus, ou 2 fr. 80, l'hectolitre encore cent fois plus, on 280 fr., et 45 hectol. 7 coûteront 45 fois 280 fr., plus 7 fois la dixième partie de 280 fr. $=$ 280 fr. $\times$ 45.7 $=$ 12796 fr.

365. Combien pèse un litre d'eau pure?

Un litre d'eau pèse un kilogr. En effet, un litre est un décim. cube ; le décim. cube vaut 1000 centim. cub., et chaque centim. cub. d'eau pesant un gramme, le litre pèse évidemment 1000 grammes ou un kilogr.

366. On a mis dans un tonneau 2 hectol. et 5 litres d'eau, combien pèse cette eau ?

2 hectol. et 5 lit. font 205 litres ; or un litre d'eau pesant un kilogr., l'eau contenue dans le tonneau pèse 205 kilog.

367. Un vase rempli d'eau a une capacité de 35 décim. cub., combien l'eau contenue dans ce vase pese-t-elle de grammes ?

Le vase ayant une capacité de 35 décim. cub., renferme 35 litr. d'eau, et pèse par conséquent 35 kilogr., ou 35,000 grammes.

368. Une chaudière remplie d'eau pèse 95 kg. 25, la chaudière seule pèse 11 kg. 705 ; quelle en est la capacité ?

Retranchant 11 kg. 705 de 95 kg. 25, on trouve que l'eau contenue dans la chaudière pèse 83 kg. 545. Or, comme à chaque kilog. d'eau répond un litre ou un décim. cub., la chaudière a donc une capacité de 83 lit. 545 ou de 83 décim. cub. 545 cent. cub.

369. Combien pèse l'eau renfermée dans un vase qui peut contenir 2 lit. 35, et combien pèserait le

mercure contenu dans ce vase, sachant que la densité du mercure est représentée par 13.588, celle de l'eau étant représentée par 1?

D'abord l'eau pèse 2 kg. 35, et la pesanteur spécifique du mercure étant représentée par 13.588, il pèsera 13 fois 2 kg. 35, plus 588 fois la millième partie de 2 kg. 35, ou 2 kg. 35 $\times$ 13.588 = 31 kg. 932.

370. Un kilog. de café coûtant 3 fr. 50, combien coûteront 65 gr.?

Si le kilog. coûte 3 fr. 50, 65 gr. ou 0 kg. 065 coûteront 65 fois la millième partie de 3 fr. 50, ou 3 fr. 50 $\times$ 0 kg. 065 = 0 fr. 23 environ.

371. Cinq hectogrammes de sucre ayant coûté 1 fr. 35, dites le prix du décagramme, puis le prix du décigramme?

5 hectog. valent 50 décag.; un décag. a donc coûté $\frac{1 \text{ fr. } 35}{50} = 0$ fr. 027, et le décig., qui est la centième partie du décag., coûtera 100 fois moins, ou 0 fr. 00027.

372. Neuf décigrammes de vanille ont coûté 0 fr. 18, combien coûterait le kilogramme?

Si 9 décig. ont coûté 0 fr. 18, un décig. a coûté $\frac{0 \text{ fr. } 18}{9} = 0$ fr. 02; le gramme coûterait dix fois plus ou 0 fr. 20, et le kilog. encore mille fois plus, ou 200 fr.

373. Quel poids d'argent pur et quel poids de

cuivre y a-t-il dans la pièce d'un franc et dans la pièce de 5 francs?

1° La pièce d'un franc pesant 5 gr. contient le dixième de ce poids de cuivre ou 0 gr. 5, et $\frac{9}{10}$ d'argent pur ou 0 gr. 5 × 9 = 4 gr. 5. En effet, 4 gr. 5 + 0 gr. 5 = 5 gr.

2° La pièce de 5 francs pesant 25 gr. aura en cuivre le dixième de 25 gr. ou 2 gr. 5, et en argent pur les $\frac{9}{10}$ de 25 gr. ou 2 gr. 5 × 9 = 22 gr. 5. En effet, 22 gr. 5 + 2 gr. 5 = 25 gr.

Le calcul serait le même pour toutes les autres pièces.

374. Une soupière d'argent pesant 875 gr. est au titre de $\frac{840}{1000}$, quel poids d'argent pur renferme-t-elle?

La soupière renferme, en argent pur, 840 fois la millième partie de 875 gr. ou 875 gr. × 0.840 = 735 gr. d'argent pur.

375. La loi tolérant 3 millièmes d'erreur sur le poids de la pièce de 5 fr., quel est le poids le plus fort et le poids le plus faible que puisse avoir cette pièce?

La pièce de 5 fr. pesant 25 gr., multiplions 25 gr. par 0.003 pour avoir l'erreur tolérée, qui est de 0 gr. 075. La pièce de 5 francs pèsera donc au plus 25 gr. + 0 gr. 075 = 25 gr. 075, et au moins 25 gr. — 0 gr. 075 = 24 gr. 925. Ajoutons ces deux poids

extrêmes, et prenons la moitié du total, nous retrou-
verons le poids légal ; en effet, $\frac{25.075+24.925}{2} = 25$
grammes.

Le calcul serait le même pour le autres pièces.

376. Quelle valeur numéraire, le cuivre qui entre dans les pièces de 40 fr. et de 5 fr., représente-
t-il ?

Dans toutes les monnaies du système légal, le
cuivre formant un dixième du poids de la pièce,
représente aussi un dixième de sa valeur. Ainsi,
dans la pièce de 40 fr., le cuivre représente une
valeur de 4 fr., valeur qu'il n'a pas évidemment par
lui-même ; dans la pièce de 5 fr., le cuivre sera donc
supposé avoir une valeur de 0 fr. 50.

377. La pièce de 20 fr. pesant 6 gr. 452, et la
pièce d'un franc pesant 5 gr., trouver le rapport de
l'or à l'argent ?

Dire que la pièce de 20 fr. pèse 6 gr. 452, c'est
dire que 6 gr. 452 d'or valent 20 fr., et qu'un
gramme vaut $\frac{20\text{ fr.}}{6\text{ gr. }452} = 3$ fr. 10 environ. Dire que
la pièce d'un fr. pèse 5 gr., c'est dire que 5 gr.
d'argent valent un franc, et qu'un gramme vaut $\frac{1\text{ f.}}{5}$
$= 0$ fr. 20. Si nous divisons 3 fr. 10, valeur d'un
gramme d'or, par 0 fr. 20, valeur d'un gramme
d'argent, nous trouverons 15.50, c'est-à-dire qu'à
poids égal, l'or vaut 15 fois et demie plus que l'argent.

378. L'or valant 15 fois et demie plus que l'argent, trouver par le calcul, le poids de la pièce de 20 fr. et de la pièce de 40 fr. ?

La pièce d'un franc pesant 5 gr., si l'on voulait faire une pièce de 20 fr. en argent, il faudrait qu'elle pesât 20 fois 5 gr., ou 100 gr. Mais l'or valant 15 fois et demie plus que l'argent, il faudra donner à la pièce de 20 fr. un poids 15 fois et demie moindre, ou $\frac{100 \text{ gr.}}{15.50} = 6$ gr. 4516, ou 6 gr. 452. La pièce de 40 fr. pèsera donc 12 gr. 9032 ou 12 gr. 903.

379. L'or valant 15 fois et demie plus que l'argent, et l'argent valant 40 fois plus que le cuivre, combien l'or vaut-il de fois plus que le cuivre ?

L'or vaudra 15 fois et demie 40 fois, ou $40 \times 15.50 = 620$ fois plus que le cuivre.

380. Quelle est la valeur d'un kilogr. de pièces d'argent, et d'un kilogr. de pièces d'or ?

Un kilogramme vaut 1000 grammes, et un franc pèse 5 grammes : le quotient de la division de 1000 par 5, nous donnera la valeur d'un kilogramme d'argent monnayé, qui est de 200 fr. L'or valant 15 fois et demie plus que l'argent, un kilogramme d'or monnayé vaudra 200 fr. $\times 15.50 = 3100$ fr.

381. Connaissant la valeur d'un kilogr. d'argent et d'un kilogr. d'or monnayés, trouver la valeur d'un kilogr. d'argent et d'un kilogr. d'or purs ?

Les 200 fr., valeur d'un kilogr. d'argent monnayé, sont véritablement la valeur des $\frac{9}{10}$ d'argent pur que ce kilogramme renferme, le cuivre étant considéré comme n'ayant aucune valeur. Si $\frac{9}{10}$ de kilogr. d'argent pur valent 200 fr., $\frac{1}{10}$ de kilogr. vaudra $\frac{200 \text{ fr.}}{9}$, et les $\frac{10}{10}$ ou le kilogr. d'argent pur vaudra $\frac{200 \times 10}{9} = 222$ fr. 22.

Même raisonnement pour le kilogr. d'or monnayé qui vaut 3100 fr., et qui étant pur, vaut 3444 fr. 44.

382. Quelle somme renferme un sac rempli de pièces de 5 francs, et pesant 7 kilog. 350? Quelle somme renfermerait ce sac, s'il contenait le même poids de pièces de 20 fr. ?

7 kilogr. 350 valent 7350 grammes; divisons 7350 gr. par 25 gr., poids de la pièce de 5 fr., et nous trouverons que le sac renferme 294 pièces de 5 fr., ou 1470 fr. Si le même poids était en or, la somme serait 15 fois et demi plus considérable, ou $1470 \times 15.50 = 22785$ fr.

383. On a pesé l'eau contenue dans un vase, avec 245 pièces de 2 fr. ; combien de litres d'eau renferme ce vase ?

La pièce de 2 fr. pesant 10 gr., 245 pièces pèsent 2450 gr., ou 2 kilog. 450 : c'est là le poids de l'eau renfermée dans le vase. Mais à chaque kilogr. d'eau répond un litre; le vase renferme donc 2 l. 450 d'eau.

384. Combien faudrait-il mettre, à la file et au contact les unes des autres, de pièces de 5 fr., pour faire le tour de la terre ?

Divisons 40 millions de mètres par 0 mèt. 037, diamètre de la pièce de 5 francs : nous trouverons 1,081,081,081 pièces.

385. Quelle longueur en mètres trouverait-on, en plaçant 800 pièces d'un franc et 800 pièces de 2 francs, à la suite et au contact les unes des autres?

Le diamètre de la pièce d'un franc étant de 0 m. 023, les 800 pièces d'un franc donneraient 0 m. 023×800=18 m. 40. Le diamètre de la pièce de 2 fr. étant de 0 m. 027, les 800 pièces de 2 fr. donneraient 0 m. 027×800=21 m. 60. Les 1600 pièces formeraient donc une longueur de 18 m. 40 +21 m. 60 = 40 mètres.

EXERCICES.

386. Combien le kilogramme vaut-il de décigrammes?

387. Combien le décilitre vaut-il de millilitres ?

388. Qu'est le centilitre par rapport à l'hectolitre?

389. Qu'est le décigramme par rapport au décagramme?

390. Comment appelez-vous la millionième partie d'un kilomètre ?

391. Deux villes sont éloignées de 3 degrés 25 minutes ; exprimez cette distance en kilomètres ?

Réponse. — 379 kilom. 629.

392. Un décimètre d'étoffe d'argent a coûté 4 fr. 15 : combien coûteront 18 mèt. 65 ?

Rép. — 773 fr. 98.

393. Ecrire les nombres suivants :

29 m. car. et 45 cent. car.

364 m. c. et 75,389 millim. c.

5 décim. c.

34 millim. c.

8,439,527 cent. c.

75,296,534 millim. c.

394. Combien l'hectare vaut-il de décimètres carrés ?

Rép. — Un million.

395. Un terrain de forme rectangulaire, ayant 35 mèt. de long sur 24 mèt. de large, est vendu à raison de 415 francs l'are : combien coûte-t-il ?

Rép. — 3486 fr.

396. Combien 37 décalitres valent-ils de centimètres cubes ?

Rép. 370,000 cent. cub.

397. Ecrire les nombres suivants :

94 mèt. cub. et 845 millim. cub.

12 m. cub. et 35,847 cent. cub.

36 décim. cub.

836,249 millim. cub.

398. Dans un stère qui a un mètre de large, on veut me-

suïcr des bûches ayant 1 mèt. 20 de long : quelle doit être la hauteur de ce stère?

Rép. — 0 mèt. 833 à un millimètre près.

399. Quelle est, en mètres cubes et décimètres cubes, la capacité d'un bassin qui peut contenir 135 hectolitres et 28 litres?

Rép. — 13 m. cub., et 528 décim. cub.

400. Un petit réservoir a 7 décimèt. de long, 4 décimèt. de large et 3 décimèt. de hauteur, combien renferme-t-il de litres?

Rép. — 84 litres.

401. 35 centilitres de bleu ont coûté 2 fr. 45 : combien coûterait le décalitre?

Rép. — 70 fr.

402. La capacité d'un vase rempli d'eau étant de 2 déc. cub. 735 cent. cub., exprimer le poids de cette eau en hectogrammes, puis en grammes?

Rép. — 27 hectog. 35 ou 2,735 grammes.

403. Un flacon plein d'eau pèse 1 kg. 045, le flacon seul pèse 15 décag. : quelle en est la capacité?

Rép. — 895 cent. cub. ou 0 lit. 895.

404. On a acheté 13 kg. 60 de pain pour 3 fr. 40 : quel est le prix de l'hectogramme?

Rép. — 0 fr. 025.

405. Quel poids d'argent pur et quel poids de cuivre y a-t-il dans la pièce de 0.25 cent.?

Rép. — 1 gr. 125 d'argent pur, et 0 gr. 125 de cuivre.

406. Une chaîne en or, qui pèse 130 grammes, est au titre de 0.750 : quel poids d'or pur renferme-t-elle?

Rép. — 97 gr. 50.

407. Quelle valeur représente le cuivre qui entre dans la pièce de 50 cent.?

Rép. — Une valeur de 5 centimes.

408. Quel est le poids d'un sac qui renferme 500 fr. en pièces d'argent? Quel en serait le poids s'il renfermait la même somme en pièces d'or?

Rép. — Les 500 fr. en argent pèsent 2 kg. 50 ; en or, ils pèseraient 161 gr. 3.

409. Quelle est la valeur d'un rouleau de pièces de 20 fr. qui pèse 322 gr. 60?

Rép. — 1000 fr.

410. On a pesé l'eau contenue dans un verre, avec 180 pièces de 50 cent. : exprimez en centimètres cubes la capacité de ce verre?

Rép. — 450 cent. cub.

411. Quelle longueur, en mètres ou fractions de mètres, trouvera-t-on en plaçant à la suite et au contact les unes des autres 16 pièces de 40 fr. et 4 pièces de 20 fr.?

Rép. — 0 mèt. 5.

PROBLÈMES DIVERS (1).

412. Un lièvre, qu'un chien vient de découvrir dans son gîte, s'élance aussitôt faisant 5 pas par seconde, tandis que le chien n'en fait que 3. Le chien s'était laissé devancer de 60 pas par le lièvre, quand le chasseur tire sur ce dernier et le tue. Combien y avait-il de secondes que le lièvre était poursuivi par le chien ?

413. Un détaillant achète 12 chapeaux en fabrique ; quand il les a vendus, il va en acheter 18 de la même qualité et du même prix, et paie pour ce second achat 66 fr. de plus que pour le premier. Quel est le prix du chapeau ?

414. On a multiplié un nombre par 3 ; la sixième partie de ce produit a été multipliée par 5, et l'on a trouvé pour résultat 40 : quel est le nombre auquel on a fait subir tous ces changements ?

415. Pour entourer un terrain d'une clôture de planches, on a fait une dépense totale de 496 fr. 50. Il a fallu pour cette clôture 240 planches à 1 fr. 50

---

(1). Voici quelques problèmes dont nous n'indiquons pas les résultats, pensant que nos lecteurs aimeront mieux les trouver eux-mêmes. Ils sont destinés aux jeunes élèves, mais pourront aussi servir utilement aux candidats.

l'une, 80 douzaines de clous à 0 fr. 30 la douzaine ; on a de plus employé un certain nombre d'ouvriers, qui ont travaillé pendant 5 jours, gagnant chacun 2 fr. 50 par jour. Combien y avait-il d'ouvriers?

416. Un épicier a vendu du sucre à 2 fr. 20 et à 1 fr. 80 le kilog. ; il en a vendu 27 kilog. de la première qualité. On demande combien il a vendu de kilog. de la seconde, sachant que la vente du sucre à 1 fr. 80 lui a rapporté la moitié moins 9 fr. de ce que lui a rapporté la vente du sucre à 2 fr. 20?

417. Un pauvre aveugle joint à la petite somme qu'il avait déjà les aumônes qu'il a reçues dans la journée ; avec cet argent, il achète un pain de 2 kilog. qui lui coûte 0 fr. 65, et un demi-kilog. de viande pour 0 fr. 45. Il lui reste alors 0 fr. 20, qui forment le tiers de ce qu'il avait d'abord : quelle somme avait-il?

418. Un enfant a disposé sur un terrain 12 cailloux en ligne droite, et à 4 mètres de distance les uns des autres. Il se place devant le premier auquel il veut tous les réunir, et va les chercher un à un. Combien de mètres devra-t-il parcourir pour rassembler tous ces cailloux?

419. Un colporteur achète des mouchoirs à raison de 2 fr. 50 la pièce. Pour 612 fr. 50, il a eu 8 ballots et 5 mouchoirs de plus. Combien chaque ballot contient-il de mouchoirs?

420. Un distillateur achète deux barriques d'eau-de-vie de la même qualité ; l'une coûte 400 fr., et

l'autre, qui contient 12 lit. 50 de plus, coûte 431 fr. 50 : combien chaque barrique contient-elle de litres ?

421. Un piéton, qui fait 5 lieues par jour, part de Fontainebleau pour se rendre à Lyon ; deux jours après, un cavalier, qui fait 15 lieues par jour, part de Paris, se rendant également à Lyon. Sachant qu'il y a 20 lieues de Paris à Fontainebleau, après combien de jours le cavalier aura t-il atteint le piéton ?

422. Une bataille a duré 10 heures ; chaque pièce de canon a tiré 7 coups par heure ; la charge d'une pièce était de 4 kilog. de poudre, coûtant chacun 1 fr. 80, et la dépense, pour toute la poudre employée, a été de 15120 fr. : combien y avait-il de pièces de canon ?

423. Il aurait fallu 18 ouvriers, travaillant 8 heures par jour, pour faire un ouvrage en 25 jours. Comme on n'a pu trouver que 15 ouvriers, au bout des 25 jours l'ouvrage est inachevé ; mais à partir de ce moment, pour avoir plus tôt fini, les ouvriers travaillent 10 heures par jour : combien leur faudra-t-il encore de jours pour terminer l'ouvrage ?

424. Un marchand a acheté 5 tonneaux de vin contenant chacun 200 bouteilles. Il en a payé 3 à raison de 150 fr. la pièce ; on ne sait pas combien il a payé les deux autres, mais on sait qu'en mêlant ensemble les 5 tonneaux et ajoutant 100 bouteilles d'eau, il a fait un mélange qu'il a vendu 0 fr. 75

la bouteille, et qui lui a donné un bénéfice de 175 francs. On demande le prix coûtant de chacun des deux derniers tonneaux ?

425. Une jeune personne veut acheter des oranges. En en prenant 20, il lui resterait 60 centimes, et en en prenant 25, il lui manquerait 40 centimes. Quel est le prix d'une orange, et combien cette jeune personne a-t-elle d'argent ?

426. Deux marchands se réunissent et achètent un certain nombre de ballots de coton pour 6720 fr. La part du premier lui coûte 5120 fr., et le second paie le reste. Sachant qu'ils ont acheté à eux deux 21 ballots, combien chacun en a-t-il ?

427. Un père de famille a calculé que, toutes les fois qu'il gagnerait 65 fr., il pourrait mettre de côté 20 fr. Au bout de 4 ans, ses économies s'élèvent à 4380 fr. : combien a-t-il gagné par jour pendant ce temps (année, 365 jours) ?

428. 36 copistes ont écrit en 12 jours un certain nombre de pages ; s'ils eussent écrit ensemble 2160 pages de plus, ils auraient fait chacun 25 pages par jour. Combien chaque écrivain copie-t-il de pages dans une journée ?

429. Combien faudra-t-il de voitures pour transporter la quantité de bottes de foin nécessaire à 6000 chevaux pendant 9 jours, sachant qu'on donne par jour une demi-botte à chaque cheval, et que chaque voiture peut transporter 300 bottes ?

430. Dans une maison de commerce, on emploie des teneurs de livres appointés chacun à 200 fr. par mois, des dames de comptoir recevant 150 fr., des commis recevant 50 fr., et des hommes de peine recevant 30 fr. Pour 7 mois, le total des émoluments de ces employés s'est élevé à 14420 fr., dont les teneurs de livres ont eu 5600 fr., les dames de comptoir 3150 fr., et les commis 5250 fr. Combien y a-t-il d'employés de chaque catégorie ?

431. Un faïencier achète en fabrique 9000 assiettes, à raison de 1 fr. 80 la douzaine. Il paie pour le transport 2 fr. 50 par quintal (50 kilog.), et la douzaine d'assiettes pèse 3 kilog. Quel est le bénéfice de ce marchand, sachant qu'en route 3 douzaines ont été cassées, et qu'il a vendu chacune des assiettes qui lui restaient, à raison de 0 fr. 20 ?

432. Dans un collége qui contient 360 élèves, on consomme chaque jour un litre de vin pour 4 élèves. Combien paie-t-on par an au fournisseur du vin, sachant que le tonneau coûte 60 fr., que chaque tonneau contient 200 bouteilles, et que 4 bouteilles contiennent 3 litres (année, 365 jours) ?

433. Un général part avec 14000 hommes pour une expédition qui doit durer 60 jours ; il emporte du pain, à raison de 0 kg. 60 par jour pour chaque homme. Au bout de 20 jours, il laisse 2000 hommes dans une garnison, mais il voit que l'expédition durera 10 jours de plus qu'on n'avait pensé. A com-

bien doit-il réduire la ration journalière de chacun des hommes qui lui restent ?

434. Un limonadier achète 5 tonneaux de bière à 72 fr. le tonneau, et achète aussi des bouteilles ; mais, par malheur, ses bouteilles se trouvent trop grandes, puisque chaque tonneau n'en contient que 200, et qu'il ne peut les vendre que 0 fr. 30 ; c'est pourquoi, au lieu de prendre des bouteilles plus petites, il mêle ses cinq tonneaux et y ajoute un nombre de bouteilles d'eau tel, qu'après avoir vendu toute sa bière à 0 fr. 30 la bouteille, il se trouve avoir gagné 45 fr. Combien a-t-il ajouté de bouteilles d'eau ?

435. Un marchand achète 2 mesures de seigle, contenant : la première 30 hectolitres, et la seconde 25 hectolitres. Il gagne 3 fr. sur chaque hectolitre de la première, et perd 2 fr. sur chaque hectolitre de la seconde. Les deux mesures ont été vendues ensemble 365 fr., et la première a été vendue 115 fr. de plus que la seconde. On demande : 1° le prix de vente de l'hectolitre de chaque mesure ; 2° le prix coûtant de chaque mesure ; 3° le gain total du marchand ?

FIN.